莫若以明 書房

書系緣起

早在二千多年前，中國的道家大師莊子已看穿知識的奧祕。莊子在《齊物論》中道出態度的大道理：莫若以明。

莫若以明是對知識的態度，而小小的態度往往成就天淵之別的結果。

「樞始得其環中，以應無窮。是亦一無窮，非亦一無窮也。故曰：莫若以明。」

是誰或是什麼誤導我們中國人的教育傳統成為閉塞一族。答案已不重要，現在，大家只需著眼未來。

共勉之。

刻意領導的八大修練

INTENTIONAL LEADERSHIP

從自我回饋與修正出發，培養能與時俱進的領導力

加拿大BMO金融集團
特別顧問、跨領域領導專家
ROSE M. PATTEN
蘿絲・派頓 著
吳國卿 譯

THE BIG 8 CAPABILITIES SETTING LEADERS APART

獻給湯瑪斯・迪・賈科莫（Thomas Di Giacomo），我的丈夫、朋友和永遠的擁護者，他與我一起走過我旅程的每一步，不管在事業或生活中，他的愛、關懷和幽默是無止盡的。

目錄

序

本書是如何成形的

對領導力的終身興趣和跨越多個產業與地理區的職業生涯，促使我正式地去深入探討領導和它的意義。這個過程始於全球金融危機後的二〇一二年，當時沒有一個產業可以倖免於它帶來的破壞、揭露的醜聞，以及隨之而來的挫敗。

十年後的現在，基於一場漫長而極具破壞性的疫情引發的獨特需求，我再次被領導及其意義所吸引。領導方法是否跟隨著這種充滿挑戰和變化的環境而演進？它會繼續演進嗎？領導人必須怎麼做才能成功？我們能否明確地界定領導能力，因為這些能力現在對於成功已變得更加重要、更加受到高度重視，和更被人們所追求？

在探索這些問題的過程中，我發展出一個我稱之為「八大能力」的領導框架。從二〇一四年開始，這八大能力已在商學院和主管課程中被定義和測試。它們已被北美和其他地區的企業以及公共和非營利部門的高級主管所採用。今日當我們從前所未見的全球破壞（這次是因為新冠疫情大流行）走出來時，我們再次看到了領導品質的即時影響及其重要性。領導已成為大眾關注的焦點，比以往任何時候都更透明、更閃耀和無所遁形。

領導：從未如此重要，從未如此困難

這透露出什麼？領導人的決策和影響涉及許多每天遭遇的生存問題，關係到一般市民的福祉——不管是心理健康、經濟遭到侵蝕、家庭的困苦、失業、企業破產等等。領導確實重要，相對的對領導方法的關注也日益殷切。人們持續擔心領導人如何因應問題，以及他們是否藉由更新的領導方法和能力來解決問題，因為這事關重大。持續密切注意和了解領導人如何才能變更好，是我們所有人的義務。

重新建構領導！

領導的關注焦點已轉移到如何在艱困和變化的環境中領導。創新的模式、數位化、科技，這些都很重要，但更重要的是領導人如何領導其他人。我們看到近年來這種轉變已變得愈來愈普遍，執行長和董事會更積極地談論需要更卓越的領導能力。不過研究顯示，領導的素質並沒有達到今日的挑戰所需要的水準，培養下一代領導人的有機式成長能力也面臨困境。一項對全球一百個組織的二千多名新領導人進行的多年研究發現，這些領導人的「隨機領導」有九〇％導致失敗。事實上，高績效者意味高領導能力的觀念現在已受到質疑。

就是在這種有點令人沮喪的背景下，我覺得該是時候向更廣泛的學術界和大眾提出我對領導的近距離研究心得了，這些研究都凸顯出八種主要能力和有意識的領導的重要性。我很幸運在這項研究中得到成就卓著和睿智領導人的慷慨貢獻，他們分享了自身領導過程中的熱情和決定性的時刻。正如本書將揭示的，他們的故事和洞見為每個懷抱希望想精進領導能力和了解其本質的人增添了價值和啟發。

擁抱領導！

本書的目標是廣大的讀者，因為我們所有人在生活和事業中都曾是領導人。當某個人有意識地發揮積極的影響力時，不管是藉由展現同理心、激勵或智慧，好的領導就會發生。雖然有些人似乎很自然地這樣做，但大多數人如果有這種意願，都可以學會它並持續做得更好。正如你將看到的，這本書不是處方，而是領導人們分享從二十到三十年的經驗與實踐所獲得的學習。每一章的目標都是讓讀者能夠發現和了解領導的本質，我們將一起檢視「八大能力」，即優質的領導不可或缺的八種主要能力。這些能力將呼應個別領導人的特質和有效領導的人性面。每個人都可以個別和個人的基礎上檢視八大能力的意義。也因此每個人將擁有不同的能力，取決於他們如何回應八大能力的每一項。你將決定如何剪裁布匹和決定什麼樣式最適合你！但它必須建立在有願意變成更好的領導人的基礎上。

我希望你能和我一起展開這段發現之旅，透過有意識的行動來增進領導能力。我們的旅程將藉由四大篇的二十三個簡短、易於理解的章節展開。

為什麼領導變得愈來愈難

前言將讓你反思為什麼領導需要更多的關注，以及「決定性時刻」如何真正影響成功的領導人所走的道路。前言中提出的證據將顯示，領導是可以學習的，而且可以藉由經過深思熟慮的刻意，讓領導產生有意義的結果。來自不同背景的高成就領導人慷慨地分享了他們的「決定性時刻」故事。它們都證明「決定性時刻」出現在每個領導人的旅程中。正如你將看到的，它們可能來自個人發生的小事，也可能來自前所未見的危機。

明確的遊戲規則改變

第一篇回答了為何領導很困難的問題。我們在這裡聚焦的是我稱之為「明確的遊戲規則改變」的出現和影響——任何領導人都無法避開它，所有領導者也都必須以更新的能力來應對。每個明確的遊戲規則改變都將被辨識和討論。

心態——信念

第二篇從外部轉向內部。也就是說，從外部驅動的明確遊戲規則改變，轉向領導人個人對領導的信念。我們將辨識和探討領導人的心態，以及長期抱持的信念與迷思的影響。我們看到老舊思維的缺點，它們會在不知不覺中阻礙領導人的成功。第二篇回答以下的問題：領導人此刻需要的技術與能力，對照於傳統上重視的領導人技能有什麼差別？這種很真實的對照被描述為領導的鐘擺向另一個方向擺盪，我稱之為「鐘擺移動」。明確的證據顯示，這種移動正從本能式的領導移往有意識的領導，以及可以學習的領導原則，只要個人有意願和意圖就能學會。這必然帶來的結果是，領導方法不是恆常不變的，而是必須不斷更新。

定義符合今日需要的能力

第三篇明確解釋作為個人領導能力核心的八項主要能力。我將帶你探究八種能力的每一項：你將聽到每一種能力如何融入領導人的整體角色，並與基本能力的其他面向（例如策略領導、組織領導、企業領導等等）共存。第三篇將提供一些例子，說明在複雜的挑戰出現時，這八大能力將如何結合並融入領導人的角色。

應用它！

第四篇把我們帶到「現在怎麼做？」在旅途的這一點，我們將被提醒：領導從你、我、我們這些領導人開始。最後一篇提出「要點」和「操作方法」，以及今日的領導人如果想在破壞性和不同於以往的時代有效地領導，就必須善盡四項最重要的義務。我希望這將為讀者照亮自我反思和適應的道路，以邁向有意識的領導和支持它的能力。

感謝你參與這個旅程。也感謝你致力於成為一個更好的領導人，並以有意識的領導方式達成它。

參與本書深度討論的領導人

馬克－安德烈．布蘭查德（Marc-André Blanchard）是ＣＤＰＱ全球投資集團的執行副總裁兼負責人，也是ＣＤＰＱ的全球永續發展部主管。他的職務包括協調ＣＤＰＱ的國際業務，並監督永續發展方向、活動和策略，以便把環境、社會與公司治理（ＥＳＧ）納入所有投資活動。在加入ＣＤＰＱ之前，他曾擔任加拿大駐美國紐約的聯合國大使和常駐代表。在此之前，他是加拿大主要律師事務所之一麥卡錫特勞特合夥公司（McCarthy Tétrault）的董事長兼執行長。他目前擔任的董事包括投資者領導網絡公司（Investor Leadership Network）的共同董事長。他是聯合國全球永續發展投資人聯盟的成員、世界經濟論壇全球未來理事會成員、蒙特婁心臟研究所基金會董事會成員、蒙特婁大學校長全球諮詢委員會主席。他曾在與衛生、聯合國和北美自由貿易協定（ＮＡＦＴＡ）有關的其他幾個董事會任職。

瑪麗．安妮．錢伯斯（Mary Anne Chambers）是貴湖大學（University of Guelph）

校長。她曾擔任加拿大一家主要銀行的主管、安大略省政府的內閣部長、一家加拿大皇家公司的執行長、一家上市公司和幾個非營利組織的董事。她曾獲得安大略勳章、功績服務獎章、伊莉莎白二世女王鑽禧紀念獎章、伊莉莎白二世女王金禧紀念獎章，和四個榮譽博士學位等殊榮，以表彰她對加拿大的貢獻。

羅恩．法默（Ron Farmer）是私人投資公司Mosaic Capital Partners的執行董事。在加入Mosaic前，他是麥肯錫公司（Mckinsey & Company）的資深合夥人。在麥肯錫二十五年的職涯中，他擔任過多項領導職務，包括麥肯錫董事會成員、全球電子商務部共同領導人和加拿大業務部的管理合夥人。他是麥肯錫的名譽董事和蒙特婁銀行的名譽董事。

梅里克．格特勒（Meric Gertler）在二〇一三年被任命為多倫多大學校長。他是世界頂尖的城市權威、創新權威和經濟改革權威之一。他曾為加拿大、美國和歐洲的政府以及經濟合作發展組織（OECD）和歐盟等國際機構提供諮詢。多倫多大學成立於一八二七年，是世界首屈一指的研究學府之一。其全球視野和國際化的地理位置，聚集了來自各種背景和學科的頂尖人才，共同應對世界上最緊迫的挑戰。同時他也為三個校區的九萬七千多名學生傳授知識和能力，用以管理我們快速變化的世界。

瑪莉・喬・哈達德（Mary Jo Haddad）在多倫多兒童醫院（Toronto's Hospital for Sick Children）度過輝煌的三十年職涯，最後擔任該院總裁兼執行長十年。瑪莉・喬是一位經驗豐富的董事，在Telus Corp擔任人力資源和薪酬委員會主席。她曾任道明銀行集團（TD Bank Group）和向量研究所（Vector Institute）董事、MaRS創新公司（TIAP）首任董事長，以及加拿大兒童第一組織（Children First Canada）創始董事長。她是MJH Associates的創始人兼總裁。她在二〇一〇年以在兒童健康方面的領導貢獻而被授予加拿大勳章，並獲得許多其他獎項，包括被評為加拿大首屆健康科學領域最具影響力的二十五位女性之一，並被評選為加拿大前一百大最具影響力女性。

提夫・馬克林（Tiff Macklem）在二〇二〇年被任命為加拿大央行總裁，任期七年。除了擔任央行總裁，他還是央行理事會主席和國際清算銀行理事會成員。他是監督機構巴塞爾銀行監管委員會（Basel Committee on Banking Supervision）委員以及央行總裁和負責人小組主席，也是金融穩定委員會（Financial Stability Board）美洲區域協商小組共同主席。在出任央行總裁前，提夫是多倫多大學羅特曼管理學院院長。在二〇〇八至二〇〇九年全球金融危機期間，他擔任加拿大財政部助理副部長，並代表加拿大出席七大工業國（G7）和二十國集團（G20）峰會和金融穩定委員會。

巴里．佩里（Barry Perry）成功的職涯大部分都在富通公司（Fortis Inc.）度過，從二〇一五到二〇二〇年擔任總裁兼執行長；在此之前，他曾擔任執行副總裁兼財務長十多年。他帶領富通度過了轉型成長期，富通現在已躋身北美頂尖公用事業之列。他已準備在美國推行一套成長策略，並以可持續性為重點。他目前在 CPP Investments 和 Capital Power Corporation 董事會任職。

珍妮絲．葛洛斯．史坦（Janice Gross Stein）是多倫多大學政治系貝爾茨伯格衝突管理學教授，也是多倫多大學蒙克全球事務與公共政策學院的創始院長。她是加拿大皇家學會院士和美國文理科學院（American Academy of Arts and Sciences）榮譽外籍院士。她被加拿大國家藝術委員會（Canada Council）授予莫爾森獎（Molson Prize），以表彰社會科學家對公共辯論的傑出貢獻。她的研究重點是地緣戰略和公共政策的交叉點。她擁有加拿大和國外大學的榮譽法學博士學位，並且是加拿大勳章和安大略勳章的得主。

凱蒂．泰勒（Kathleen Taylor）在多個領域擁有令人印象深刻的多樣職涯，擔任多個領域的最高領導職務，首先是四季酒店及度假村（Four Seasons Hotel and Resorts）總裁兼執行長，負責全球事務。她目前是加拿大皇家銀行（RBC），Altas Partners LP 和多倫多兒童醫院的董事會主席，並擔任加拿大航空公司、CPP Investments 和 Adecco 集團董事。在她多元化的職涯中，她獲得無數的商業和領導榮譽，並且是加拿大勳章的得主。

達瑞爾・懷特（Darryl White）在二〇一七年被任命為蒙特婁銀行金融集團執行長。在此之前，他是蒙特婁銀行資本市場公司的執行長。蒙特婁銀行金融集團是北美第八大銀行，為一千二百萬名客戶提供個人和商業銀行、財富管理和投資服務。他是加拿大商業委員會、美國商業委員會委員，以及北京市長國際商業領袖諮詢委員，並擔任銀行政策研究所（BPI）的董事。他是包容性地方經濟機會圓桌會議的共同主席，該圓桌會議是蒙特婁銀行和 United Way Greater Toronto 合作的夥伴機構，目的在於發展增進大多倫多地區經濟機會的方法。他是 Catalyst 加拿大顧問委員會主席，也是 Catalyst 的董事會成員。

致謝詞

本書的創作我必須感謝許多人，感謝他們在這個過程的持續支持。我被一個優秀、敬業的團隊所包圍，他們在編輯、研究、圖形發展和其他相關活動都做得十分出色。

John Barrett 從第一天起就是我的編輯，他也在這個過程中也支援其他項目。John 一絲不苟地總結了十位資深領導人精彩的故事，並以活躍的思緒傳達得淋漓盡致。他自始至終都是一個價值非凡的共鳴板。John 的妻子 Maurie 在編輯過程也始終參與。我感謝兩人。

Jaime Krause 的貢獻跨越研究、設計和製作，並且是跨越許多領域的思想夥伴關係。Jaime 的支持超越了本書，她獨特而廣泛的才能在判斷力、增添價值和完成任務上的表現始終如一。

Sheena White 憑藉她的創造力和藝術技巧，使我們能夠完成最終的圖表，以進一步傳達重要的訊息並為讀者提供有價值的視覺效果。

Hana Black 是我的長期行政助理，她總是積極主動地參與出版這本書有關的辦公室活動，並願意做任何需要做的事。

Brenda Ichikawa 是我工作其他部分的同事，她總是饒有興趣地傾聽，安靜地提出問題，並激發許多有用的想法。

Karen Collins 是我非常重視的一位才華橫溢的領導人和同事。她始終在她的職位上支援和發掘其他人才，例如前述的大多數專業資源，並在過程中提供協助。

我由衷地感謝所有人。你們熱忱而專業的支持讓我受益良多。

前言

聚焦在領導上

決定性時刻：領導是可以學習的

多年來，我與許多領導人密切合作並觀察他們的行動、特別是在應對危機和新環境時，得到一個重要的體會，那就是領導是可以學習的。成功的領導人總是在他們的職業生涯中經歷過一個決定性的時刻，並從中蛻變成更好的領導人。不管是透過應對危機、適應不斷變化的環境，或是自省和自覺，決定性的時刻對領導而言都很真實而且重要。

領導的決定性時刻發生在我們反思並超越本能、並且有意識地採取行動時。這不只是發生在很罕見的重大危機，例如二〇〇七到二〇〇八年的全球金融危機、新冠疫情大流行，或九一一恐怖攻擊等，而是在許多個人的轉捩點也能看到它。每個人都有轉捩點，我們只需要刻意反思它們，研究它們的意義，並從中汲取教訓。善用轉捩點或轉機的信念，推動了本書對領導人如何適應和更新自己的研究，也啟發我探究領導人如何在改變策略、戰術和在與他人的連結上發揮更大影響力，並能更適應他們眼前的情況和背景。

適應性——更新的出現

把焦點放在成功的領導人將發現一個決定性的時刻：一個轉捩點、一個改變的過程、一個對環境的適應過程。但這種事真的會發生在真實生活中嗎？領導人是否覺察到這些時刻？此外，如果他們認為自己迄今在領導上表現很成功，那麼即使他們意識到情況和環境有需要，他們是否有能力適應？這就是我們必須探究領導人實際經驗的原因。我們將了解他們如何遇見決定性時刻，以及為什麼領導能力需要勇氣、適應性和更新。

在準備本書時，我很榮幸也很高興能與有成就和令人欽佩的領導人展開深入的對話，聽取了他們面對挑戰和學習的故事。你將見到他們講述自己在擔任高階職務時的領導經驗和見解。他們包括企業和其他部門的高層領導人，例如執行長、董事長、部長、大使、大學校長以及學者，而且都樂於在這項探索領導本質的嘗試中提供助力。他們都願意加入我的行列，一起追求不斷改進和更新領導人的能力，特別是在我們所處的時代和未來將面對的時代之中所需要的領導能力。

我與這些領導人的談話凸顯出決定性時刻的重要性。在每個人的經驗中，情況都大不相同。例如，瑪莉・喬・哈達德（Mary Jo Haddad）描述了金融危機崩潰期間的決定性時刻。在金融危機時，她擔任一家大型醫院的執行長只有兩年的時間。正如她所說：「最大的挑戰是打破空間的局限，但是在金融崩潰期間該怎麼做？我沒有退卻，而是為董事會準備了一項大計畫。每個人都認為我瘋了，因為我嘗試在這種時候籌集這麼多錢。」儘管如此，她還是成功了。瑪莉・喬在那一刻學到的東西更新了她的領導能力，使它更臻於完美。因為危機也是渴望更偉大事物的時候。正如她所說：「我不想把精力放在我們不能做的事情；我想知道會發生什麼事，想知道真正的情況是什麼。」我只能讚嘆她的勇氣，和她所展現的以不同方式思考和以有意識的方式行動的能力。

大膽抓住時機。

瑪莉・喬的故事展示出一個必須抓住的決定性時刻。但是該怎麼抓住？在這方面，蒂夫・邁克勒姆（Tiff Macklem）在學術界和政府的經驗有助於我們了解，那個時刻決定了領導人面臨的挑戰和克服挑戰所需要的能力。他說，領導人需要在破壞性的時期保持策略靈活性，和以不同方式領導的意圖。「說起來令人沮喪，但歷史顯示一件壞事會導致另一件壞事。因此當壞事發生時，領導人必須提前思考，想像還有什麼事可能會出錯，並開始為下一步做準備。」

他說，全球金融危機和更早以前的大蕭條（Great Depression）顯示出在艱困時期所做的決定會帶來的連鎖效應。它們可能無意中引發預料之外、或完全預料到的結果（例如達康泡沫、九一一恐怖攻擊、一九九八年亞洲貨幣危機）。「這就是為什麼領導人今天就必須思考明天的問題是什麼，你必須提前應對危機才能阻止危機。有誰能料到七大工業國政府會實際上暫停資本主義，並為所有它們的大型銀行提供擔保，以便重振二〇〇八年全球金融崩潰後的信心？無法想像，但那就是發生的事。在二〇二〇年，有人會相信所有學校都會因新冠疫情而關閉嗎？即使你在學校關閉前一週告訴他們要關閉學校？無法想像。」這時候需要的不只是解決問題而已。蒂夫告訴我們，領導人善於解決問題，但這還不夠。「在危機中，無法像外科手術那樣周全的解決方案。你辦不到。你需要的是壓倒並碾碎問題。你將不得不做一些你從未做過的事，一些你從未想過自己會考慮的事。」

領導方法不斷成長，永不停止

凱蒂・泰勒（Kathleen Taylor）在餐旅、醫療和銀行業有多樣的職涯經驗。她熱情而有說服力地講述自己的領導之旅和領導能力的學習。「領導力是透過我們不斷變化的環境學習的，不管是大危機或其他情況。領導的學習永不停止！」她擔心許多領導人傾向於採用唯驗證為真（tried-and-true）的心態來對當下做反應，而這種心態卻無法反映當前情況的洞識或差異。過去被證明有用的心態，也無法用來了解當前危機的長期影響性。

不過，最重要的是，領導人未在危機情況中把握更新思維的機會。這種更新意味個人的適應性，而適應性對今日的領導人卻是如此迫切需要的東西。是什麼推動了這種迫切的需要？凱蒂認為，那是由文化和社會環境推動的，特別是組織的利害關係人，而不只是股東。更新需要靈敏，需要放棄唯驗證為真的心態。正如她說的：「全球金融危機十年後，我們看到一些公司透過重新投資其文化結構和策略方向來記取危機的教訓。但其他公司在情況恢復穩定和滿足監管當局的要求後，就繼續做和以前一樣的事。結果怎麼樣？五年後，我們又看到富國銀行發生銷售運作的問題。」

可持續發展的連續體

領導人為長期績效而管理他們的企業，而不只是為了今日的優勢。這意味要認識社會環境的改變，同時也要適應這些變化。正如凱蒂所說的「可持續發展的連續體」，和「對企業營運採取多重利害關係人的思考方式」：

> 從文化結構的角度來看，加拿大與美國不同。我們思考的方式不同。加拿大的銀行長期以來一直有多樣的利害關係人，銀行不能忽視他們而只管照自己的想法做事。當你看到經歷過危機的公司和他們如何應對這些事件時，就會發現「可持續性」（sustainability）是一個關鍵字。你的社會契約（或信譽）是否持續存在？跟隨「可持續發展連續體」推動公司發展的領導人將受到尊敬。疫情證明了這一點，例如，所有人都說員工安全是第一要務——有些人甚至在疫情爆發前就這麼說。但疫情實際上讓企業有機會證明它們表裡如一。

是的，正如凱蒂和其他人所指出的，我們在近來的動盪中看到許多公司的成功、失敗或挫折。許多公司的成敗可以正確地歸因於其營運模式的策略——它們的執行長現在承認這些策略被奉行太久或存在缺陷。事後看來，一些領導人的領導不夠優秀。但在一些別的例子裡，我們也看到領導人面對極端的挑戰時表現出色，證明領導人確實可以即時調整和更新他們的作法，即使是遭到種種挫折。在今日持續崩解和改變的環境中，掌握學習和個人適應的能力已成為一項條件，甚至是最低要求。這讓我想起彼得・杜拉克（Peter Drucker）的名言：「如果你想學習新東西，你必須停止做舊事情。」

瑪莉・喬、蒂夫和凱蒂分享的真實生活經驗傳達了很多關於領導本質的訊息。他們對決定性時刻和變化的環境採取的行動和反應，顯示出他們的勇氣、適應性、持續更新，以及有意識地放棄過去可能奏效、但現在行不通的作法。他們每個人都有意識地、而非只是本能地展現了領導的原則。

人能不能預期他們領導生涯中的決定性時刻？答案不只是「能」，而且如果你渴望把領導工作做好，這將是一個好方法。達瑞爾・懷特（Darryl White）描述領導人如果被鎖在昨日的假設所面臨的危險，而過去的作法就是根據這些假設形成的。「現在的人預期職涯會出現重大的錯置。比起過去的環境，這是一個明顯的不同。不過，許多年輕的經理人在職業路途中也可能很僵化。從今日和未來必然發生的動盪和混亂來看，他們將不可避免地遭遇困難。很難指導他們事先預期這種事。」

甩掉僵化的心態！

換句話說，如果情況讓你感覺很順利，你會不會變得更有適應力？你會不會堅持讓你走到這一步並幫助你不斷獲得許多成功的作法？人會不會「老到無法改變」？在回答這些問題時，每個人都必須反觀自己——並進入自己的內在。在這裡我將描述我的經驗，說明我在職業生涯早期是如何被迫變得更有適應力和更有意識，以及它如何變成我日後旅程中的習慣。

我堅信領導能力是後天學習獲得的，我也相信決定性時刻和危機提供了通往策略靈活性和優秀領導的途徑。這種信念源自許多現實生活中的經驗——與瑪莉・喬、凱蒂、蒂夫等人的經驗沒有什麼不同。在我的職涯中，我在銀行業的不同部門擔任過多樣的角色，每個部門都有不同的文化、市場、監管機構和使命。這提供我一個不斷改變的利害關係人與股東的世界——加拿大、美國、歐洲和亞洲。當一個領導人不管是出於選擇或偶然，接觸到廣泛而多樣的文化、新而不同的規則、不同的思維方式時，無疑的必須質疑自己的立場，在採取已驗證有效的技術前暫停一下，和採用有意識的領導。

我自己的學習領導之路有時候挺艱辛崎嶇的。這就是瑪莉・喬有關勇氣和決心的故事引起我共鳴的地方，它讓我回想起類似的情況——處在艱困的領導環境中，卻不容你選擇失敗。我從已故的約翰・麥克諾頓（John MacNaughton）那裡學到了反思和有意識的行動，他的指導照亮了我天生的「不靠運氣」的習慣。但我反思的根源可以追溯到我母親的告誡。她會說：「蘿絲，別老是在做事，坐下來！」反思、學習、適應，以及「堅持下去」的毅力，這些都可以成為生活習慣。當領導人這麼做時，領導就會從本能轉向諮商，而行動也會變得更有意識。

這些經歷使我深入思考，在一個日益複雜、充滿危機和社會期望的世界中，如何更新和改善領導。羅恩・法默（Ron Farmer）的話強調這種方法：「領導人不能像過去那樣依賴昔日的經驗。經驗是有價值的，它使人能夠看到事情，認出以前遇過或管理過的情況。但那些在過去有幫助的方法，在今日的新現實中未必有用處。有太多因素不同，而且可能瞬息萬變。」他和我以及本書中

別老是在做事，坐下來，「反思」。

的其他人誠摯地分享像這樣的觀點，例如領導人是後天造就的，而不是天生的。而如果領導人是後天造就的，就意味領導技能是可以學習和發展的——而且必須不斷地更新。

今日人們對領導的關注將只會凸顯如何挑選領導人的重要性，是環境塑造了領導，還是領導人塑造了環境？這項研究將明確顯示，環境決定了領導方法！這就帶我們來到這篇前言開頭提出的問題。想成為成功的領導人，我們需要相信什麼？還有我們需要以何種不同的方式思考領導？第一篇的四章將回答這個複雜的問題。

圖 1　我們需要相信什麼

第一篇

領導從未像今日這麼難 ——
環境的改變推進了領導方法

第一章

遊戲規則改變：沒有人能不受影響

我們已經把焦點放在領導以及為什麼我們必須更注意它。我們已經從成就非凡和開明的領導人故事裡，知道為什麼領導人需要重新檢視和更新他們的領導能力，這是因為持續的破壞（disruptions）和危機造成環境不斷變化。在本章中，我們將分享領導人對他們如何面對這些挑戰的洞見。

破壞──持久的遊戲規則改變！

當我們反思這些例子時，我們仍然需要了解迫使領導人改變的最大原因是什麼。當然，破壞往往帶來改變，這是很自然的反應。但我們能不能辨識出任何領導人都無法不受影響的重大且明確的遊戲規則改變？我們能不能跨越近因，找出什麼原因促成了領導方法更新的主題和路徑？換句話說，就是那些將繼續存在並塑造我們領導方法的事。

組織確實已對空前的速度、交互關聯性和改變帶來的不確定性做出反應。我們目睹新的創造性商業模式、新運作模式和新客戶服務方法正紛紛崛起，我們也看到愈來愈多人關注人才管理和領導模式。我們看到許多組織正在擁抱這些環境變遷，並努力在管理上因應這些新情勢所帶來的思維變化。

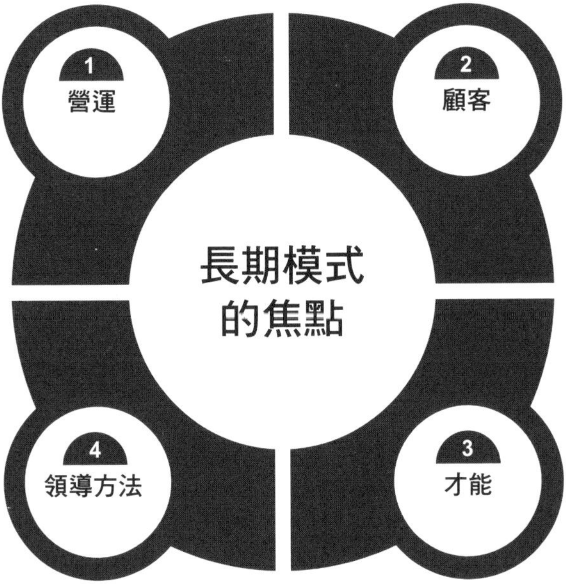

圖 2　既有領導模式逐漸落後，新商業模式崛起

不過，我們看到很少有組織深入探究高階領導人所受到的影響。然而，要推動組織的改變就必須仰賴高階領導人，而且他們也承擔激勵團隊、與他人交流、賦予員工權力——以及做好領導工作——的權責。本書的寫作及其相關主題的研究，就是為了更深入了解領導人順應改變以改善領導方法背後的動力，於是我開始探尋真正改變領導人遊戲規則的因素。我逐漸發現，過去那些讓領導人達成今日成就的因素顯然無法讓他們停留在此，也無法帶領他們到達他們需要去的地方。

今日的情況有什麼不同？為了找到答案，我們必須解決第一個問題：今日的領導人面對了什麼從根本上如此明顯不同的情況，而且程度只會愈來愈加深，對他們的期望和要求只會愈來愈嚴苛？然後是第二個問題：領導人更需要哪些具體的能力，才能有效地滿足這些要求並成為更好的領導人？

正如我們在前言中的發現，答案不在於假設已經過驗證的作法將使我們繼續受益，我們必須避免這個古老的陷阱。愛因斯坦（Albert Einstein）常被引述的「不要想以過去的思維水準解決今日的重大問題」的確一針見血。對自己過去的成功感到欣慰是人類天生的傾向，但它可能攪亂我們的判斷力並留下虛假的信心。這個盲點很常見；沒有人能說他們有完美的全方位視角。認識這個事實有助於我們確定領導方法是不是「永恆」的（我們將在第二篇探討），以及相信永恆的領導人會不會有自滿的風險。

昨日的假設揮之不去

羅恩・法默強調執行長和更廣泛的各種領導人自滿的可能性和危險。現在他們必須更加注意週遭的情況，同時更迅速地做出反應。羅恩舉過去與一家底特律大型汽車製造商的諮詢為例，來說明他對領導人自滿的觀點，當時的企業執行長通常不必像今日那樣考慮競爭對手。他說：「當時被指派擔任領導職位的人會有一段蜜月期，可以在組織中到處走動，看看他們想做什麼。他們有一年半的時間來觀察情況，評估潛在的破壞性影響，並據以做出反應。今日他們肯定沒有那麼悠閒。今日的組織、董事會和利害關係人愈來愈沒有耐心，領導階層必須準備面對並回應這種持續的急迫感。」羅恩也質疑領導能力是天生的這種概念，並指出有意識的領導與本能的領導有明顯的不同，原因如下：「成功的領導人必須適應快速變化的環境。難怪他們會向顧問尋求策略建議，因為一個人的經驗和『模式辨識』能力在不斷改變的環境中可能會無用武之地。」

自滿與你同在

已故的大衛・福斯特・華萊士（David Foster Wallace）在俄亥俄州肯亞學院的一次演講中，述說一則有關自滿陷阱的故事。「有兩條魚在游水，牠們遇到一條年長的魚從另一邊游來。年長的魚兒對牠們點個頭說：『早安，男孩們，水怎麼樣？』兩條小魚繼續向前游了一下，最後其中一條魚看著另一條魚說：『水到底是什麼東西？』」重點是，自滿和舒適區會讓領導人忽視周遭的現實，尤其是在現實正在改變時。

凱蒂・泰勒表示她仍然擔心自滿的危險。即使是現在，在經歷了像新冠疫情這種前所未有的破壞後，領導人仍有可能回到與以前相同的領導方法：他們可能因為沒有對自己的習慣和信念做足夠的反思，或沒有改變的勇氣而變得自滿。「腎上腺素對人的身體真的能產生很大的力量，有些人能把汽車舉起來。但這股力量能持續多久？當疫情來襲時，我們剛開始表現的很積極——各地的領導人採取對應措施。但進入寒冬之後，疲憊讓我們開始感到厭倦。」她的擔憂和批評集中在對破壞的長期影響缺少長期思考，以及訴諸較熟悉的「短期主義」上。「當處理大問題時，人們傾向於快速修復和忽視解決核心的改變，因為後者做起來比較困難，而且總是比你想像的要困難得多。」

禁止自滿！

因此，重要的是要辨識明確的遊戲規則改變，因為這類遊戲規則改變不容許自滿和訴諸過去慣用的短期方法和解決方案。掌握這些問題將有助於我們分析是什麼驅動了領導人思維和作法的不斷更新，他們如何分析、觀察環境和制定策略，以及他們如何塑造現在和未來領導的常規。

那麼，過去十年來有哪些遊戲規則改變以逐漸深入的方式改變了我們的組織結構？我的分析在研究和反思的助力下，主要針對三個最重要、而且肯定讓領導變得更加困難很多的遊戲規則改變之上：

1. 利害關係人期望升高——超越股東。
2. 不斷改變的勞動力和職場——多世代和跨文化的融合。
3. 短期策略和數位主導地位。

接下來的三章將逐一探討這些明確的遊戲規則改變。一旦我們更了解它們後，我們將準備好探究八大能力——我們將踏上一段自我發現和有意識領導的旅程。八大能力不是一份指定的優秀特質清單，也不是必須遵循的處方。它是一個自我反思和更新的過程，帶領你邁向刻意且有意識的領導方式，並把以內在驅動的能力擺在首要和中心位置。

正如彼得・杜拉克指出，更新適合所有人：「從偉大邁向更偉大，比從平均邁向平庸更容易。」

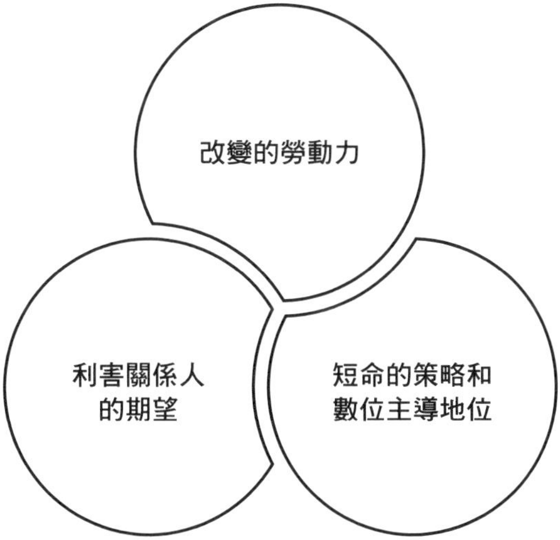

圖 3　三個明確的遊戲規則改變

第二章 遊戲規則改變之一：利害關係人期望升高

在過去十年，利害關係人期望的意義，在各個經濟和社會部門已得到更廣泛的驗證。跨機構治理的普及反映了這一點：我們看到重要的政策、行為準則、控制和法規已被採用。我們可以再度歸因於全球金融危機後的關鍵時期所揭露的欺詐、瞞騙和醜聞。從那時候開始出現的監管轉型動力已滲入到許多部門，這場危機為我們今日看到的許多根本改變奠定了基礎。也許最具革命性的法規始於銀行業實施的沙賓法案（Sarbanes-Oxley Act），但監管的改變並不局限於金融機構。治理和利害關係人期望改變的影響也體現在其他部門，包括衛生、教育、政府和媒體等。

今日我們仍然看到所有行業的信任遭到侵蝕。例如二〇二二年針對全球人口做的愛德曼信任度調查（Edelman Trust Barometer）[1]凸顯出不信任已是今日社會的預設傾向：「近十分之六的人表示，他們的預設傾向是不信任一件事，除非他們看到證據證明它是值得信賴的。」當不信任變成預設時，我們將缺乏辯論或合作的能力。

信任，但要驗證

令人欣慰的是，大多數領導人現在把這些加強的控制、法規和政策視為「一切照舊」和「理應如此」。由於仍然需要進行查核，我們對機構的信任仍在接受考驗。這讓我想起雷根總統在冷戰期間美國與蘇聯的競爭達到頂峰時的名言。他指導

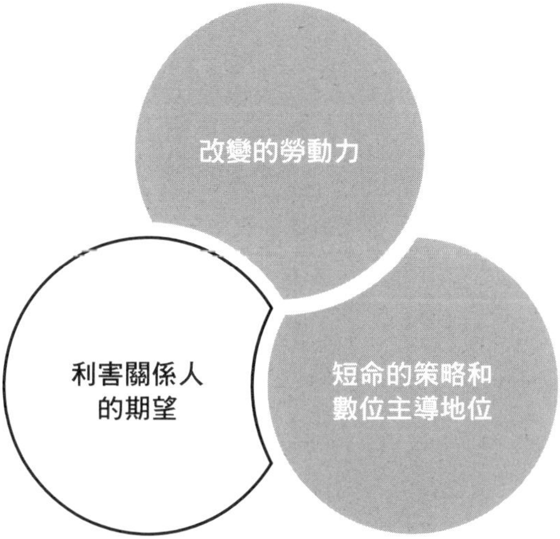

圖 4　利害關係人的期望

美國與蘇聯透過談判以達成任何協議的六個字，就是「信任，但要驗證」。

從危機的廢墟升起的一個突出而廣泛的改變是利害關係人的期望。這個改變如此凸顯，以至於我稱它為三個明確的遊戲規則改變之一。它對領導人和領導方法造成深遠而持久的影響。

利害關係人——超越股東

瑪麗・安妮・錢伯斯（Mary Anne Chambers）藉由描述這種明確的遊戲規則改變對她的意義，和我們必須如何以不同方式思考和領導，來幫助我們了解它。她認為，企業如何使用「利害關係人」（stakeholder）這個詞就是一個明顯易見的指標。例如，銀行董事現在主要談論的是利害關係人，或者仍然是股東？

> 在過去，銀行董事經常在討論股東和利害關係人時只強調前者。現在的情況已大不相同，認識到各部門更廣泛的利害關係人利益極其重要。這類例子不勝枚舉，他們不再避談學生抗議大銀行與大學的關係，反而學生已成了敢於發出聲音的管理委員

會成員。當學生舉著標語牌抗議學費的問題時，他們會強調讓學生感覺受到重視的方法。因為學生是利害關係人——大學存在的主要原因：學生支付學費，並希望受到尊重和感激。

瑪麗・安妮提出一個重要的事實。近年來，包括供應商和社會各界在內的所有利害關係人都得到更多重視。當然，新冠疫情向領導人展現出這個明確的遊戲規則改變，它提供領導人機會以矯正或加強多重利害關係人模式，最重要的是，它強化了必須檢討領導人是否具備與利害關係人共存——超越傳統的股東觀念——的心態。

利害關係人不是「存在於外面」的無形群體，它們是組織如何生存和發展的重要組成部分。你的顧客是利害關係人，你的員工也是。如果不廣泛了解你與利害關係人的共存，就不可能處理棘手的情況，就像瑪麗・安妮敘述的與憤怒的銀行顧客發生的事件。銀行員工——在像她這樣的高階主管支持下——必須照顧辱罵員工的顧客的利益，視之為銀行的利害關係人。但另一方面，她也必須照顧她的員工，他們也是她的利害關係人。她怎麼做？「我與顧客聯繫並提議一個解決方案，讓他繼續成為我們銀行的顧客並善待我們的員工。由於雙方都是利害關係人，雙方的利益都必須得到保護，特別是因為員工往往無法輕易為自己辯護，但領導人卻可以干預。」

從領導的角度了解利害關係人的共存，也向我們展現這個明確的遊戲規則改變的另一個面向——品格。瑪麗・安妮做了最適切的說明：

> 今日的領導人在企業社會責任上面對利害關係人的許多期望，不管是公正的公民社會、包容性或多樣性皆是如此。這遠超越過去的期望，過去主要是聚焦在財務績效。領導人的品格特質也受到重視，他們需要贏得尊重的

圖 5　品格的三個 T

> 不是作為執行長或高階主管的表現，而是作為一個人；他們憑藉他們的行動贏得尊重，而不只是憑藉資歷。事實上，今日對領導人的期望可能比一般人高。

隨著利害關係人的期望日益深入發展，並成為各地的常態，瑪麗・安妮的見解反映出領導人應具備的特質和他們面臨的嚴峻挑戰。更高的透明度、更大的信任，和始終追求真理的態度正在形成規範，而更多的個人責任和更明確的權責也已成為領導人的最低要求。

三個T：信任正面臨考驗

這種新的治理範式和對所有部門利害關係人的義務，可以歸結為以三個字首T代表的「真理（truth）、信任（trust）和透明度（transparency）」。這一切都與品格和更明確的品格有關，其影響遠超出董事會和監管機構期待的一般監督和控制。今日利害關係人的期望愈來愈高，結果是深入而廣泛的證言和驗證（是的，有時候會引起執行長和其他領導人的惱怒）。這個趨勢正漸漸穩定下來，並將持續成為一個新現實——信任和真理將受到公開和毫不避諱的質疑。

我們可以毫不誇張地說，對領導階層的信任正面臨考驗。這就是為什麼在評估領導人時，明確的品格是一個更直接的考慮因素。這不是「一次搞定」的事：領導人必須每天贏得信任。更明確的道德也是對領導人的期望，領導人行動背後的動機也將受到質疑，以確保領導人在選擇和決策時不是出於私利。每個決策應該有明確和透明的推理支持，並清楚呈現在討論和辯論中。換句話說，領導人必須說出「為什麼」，而不只是「什麼」是他們的決策和「為什麼」[2]。追求明確的品格和對領導人的信任攸關組織福祉和生存的每個面向，這包括顧客、員工和社區。

顧客堅持要求信任

顧客的期望正日益升高。他們繼續直率地提高對產品和服務的期望，但也含蓄地要求在公司的決策中透明地呈現公司的聲譽、道德和價值觀。他們想看到的不只是說得漂亮的正式原則或公司價值觀，長期的研究顯示，超過六〇％顧客的購買行為受到道德標準和執行長品格的影響。

這個事實可能被領導人忽視或低估。當然，根據執行長品格和聲譽來判斷顧客會留下來或離開可能不精確，而且對某些組織可能比其他組織來得重要。我們不難想像，公司產品和服務、價格以及其他競爭因素都可能造成影響。但品格的影響確實存在，品格很重要。此外，組織的利害關係人——顧客、員工、社區——會不斷地想要驗證他們的信任，組織應該在每一項策略中都認清這一點。

品格為王

巴里・佩里（Barry Perry）深信不疑地談到領導品格與利害關係人需求的關係。對他來說，這是遊戲規則的改變，而且愈來愈明確，而不只是一個默認的假設。「今日各層級的利害關係人都要求重視——不只是監管機構、員工的要求、社區的期望，當然還有顧客。領導人必須熟悉這一切，並納入這些考量和標準以設定成功的路徑。這有賴明確的品格、信任和謙遜，遠超過對績效驅動的領導人的要求，追求績效的領導可能造成許多傷害——我們都曾經歷過。」巴里又說：「做正確的事並不總是那麼容易——我們都知道這一點。在第一線充滿壓力的情況下要做出正確決定，這需要一個人所有的經驗和能力。你必須在遊戲中保持你的榮譽並做正確的事。到最後，品格和信任才是最重要的。」

他的故事道出利害關係人期望的本質和三個T：真實、信任和透明度。領導比起以往任何時候都更艱難，這就是為什麼領導人必須更深入探索以了解利害關係人期望的明確遊戲規則改變是什麼。利害關係人的信任很脆弱，而且需要培養。它有賴於每天努力贏得，而且它現在已是領導人價值的核心。它不再與領導人的策略願景無關，反而必須成為這種願景的一部分。

學生是重要的利害關係人

顧客對品格和信譽的期望不只與商業導向的機構有關，所有部門都會具體呈現出利害關係人的期望——無論是在教育（透過學生和捐款人的期望），還是在醫療（因為它與病患和捐款人有關）等方面。他們都尋求「信任和驗證」。我從多倫多大學的許多學生親耳聽到這一點，他們告訴我他們如何選擇大學的精彩故事，內容如下：「是的，我研究很多所大學，以了解哪一所大學擁有最好的工程學院。當然，多倫多大學的評價很高。但重要的不只是評價，我也被多倫多大學工程學院的傳統所吸引，還有多倫多大學的整體價值觀也很重要。」

員工期望信任！

馬克－安德烈・布蘭查德（Marc-André Blanchard）描述在外交實務和在大使館和國際組織的領導中，信任的重要性：

外交的工作主要就是建立信任，或者說就是建立關係以建立信任。這與我經營律師事務所的經驗沒有太大區別（特別是二〇％的員工認為事務所是他們的，因為他們是合夥人）。如果你有多樣性和人才，並希望給人施展長才的空間，那麼你需要一個扁平化的組織。在一個扁平化的組織中，只有當你得到你的合夥人、高階主管、那些能讓你成功的人的信任時，你才能做事。沒有信任，你就沒有很多戲法可以讓事情照你想要的方式發生。

馬克－安德烈在加拿大全球事務部擔任外交官的經驗代表這種信任關係，幕僚知道對他來說信任很重要。他說，有效的領導始於經驗，但需要同理心和信任，以及政策和策略領導的平衡。幕僚和所有利害關係人一樣，他們期望信任，而不是祈求信任，他們期望並尋找品格和領導人具有真誠和包容品格的證據，而提供這些證據是領導人的義務。

正如《麥肯錫季刊》（*McKinsey Quarterly*）近日一篇文章所述：

研究清楚地顯示，照顧多重利害關係人的利益並從事長期績效的管理不但對利害關係人有利，也對公司有好處。顧客和利害關係人的風險被最小化了，新的機會隨之出現。例如，八七%的客戶表示他們會向支持他們所關心事務的公司購買東西；九四%的千禧世代表示，他們希望自己的技能能夠貢獻給一項公益目標；自一九九五年以來，可持續性投資（sustainable investing）成長了十八倍。這些事實對執行長來說並不新鮮，但新冠疫情揭露了企業與其經營所在的廣大世界間深刻的相互聯繫。此外，我們的早期研究顯示，消費者將更加投入承擔疫情後的社會責任[3]。

無論是顧客、員工、學生還是股東，他們都是有期望的利害關係人，這是今日領導人面對的現實。因此，良好的領導意味用可以驗證的方式展現真實、信任和透明度的三個T，向利害關係人展現明確的品格。如果你需要利害關係人的期望有多重要的更多理由：這個主題已經過充分的研究，而且眾所周知領導人與員工的關係對於留住人才很重要，與財務績效的結果也有相關性。這也是我們認為它是領導人和領導的明確遊戲規則改變的另一個原因。

第三章
遊戲規則改變之二：不斷改變的勞動力和職場

這個明確的遊戲規則改變——不斷改變的勞動力和職場——所帶來的深遠影響早在十多年前就已被預測到，當時利害關係人的期望正逐漸形成，領導方法在各地也都受到關注。我們不斷看到報告和統計數字指出即將發生的人口改變、移民、退休、跨世代的員工組合進入職場，以及所有這些改變造成的文化影響。勞動力的改變正在發生。事實上，從可得的移民資料可以輕易預見和看出這件事。

勞動力劇烈改變早在預料中

回顧過去，這些事實和資料早已指出我們的勞動力正出現劇烈的改變。雖然組織擔心人口老化和有經驗員工的短缺，但它們卻遲遲未能意識到領導和領導能力的需求會發生什麼改變。領導人必須適應和改變思維以適應跨世代和跨文化員工的概念，還不是當時組織首要考慮的問題。

不斷提到勞動力轉型和這個主題受到廣泛的研究和關注，加上對千禧世代佔勞動力大部分的猜測，最終導致更多的行動。許多組織制定和修訂了人力資源作法，以因應這個新且成長中的勞動力不同的期望。勞動力的統計資料在二〇二〇年已經更新——而且再一次證明這個趨勢是正確的。

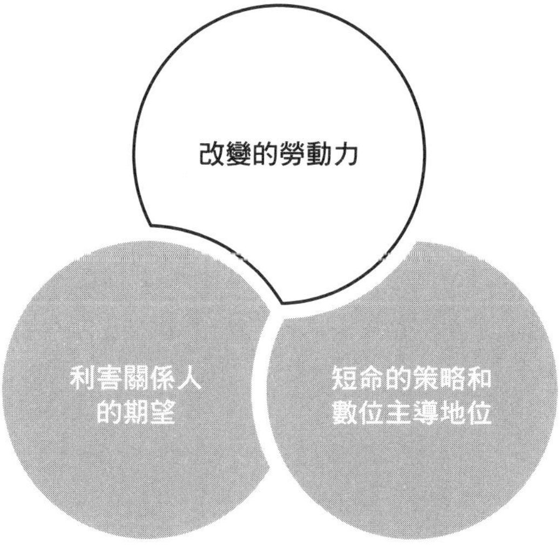

圖 6　不斷改變的勞動力

- 七五％的千禧世代正尋找能負起社會責任的僱主
- 到二〇二五年，Z世代將佔勞動力的一九％
- 到二〇二五年，千禧世代將佔工作升遷的二〇％，而X世代將佔一〇％

但組織往往不會迅速制定因應改變的策略，尤其是在破壞性的改變還很遙遠和只是中長期問題時更是如此。只專注於短期可能且確實會讓領導人筋疲力竭——原因是出於必要和中長期問題已超出他們熟悉的舒適區。這就是前一章凱蒂・泰勒提到她擔心的「短期主義」。

造就我們的環境已經改變

遺憾的是，領導人仍未完全適應不斷改變的勞動力持續阻礙他們的領導獲得成功和發揮潛力的這個事實。轉變後的勞動力及它對領導人的期望已經到來，為領導人如何領導、如何激勵具有不同思維和屬性的群體，以及如何讓團隊發揮最大潛力設定了新模式。今日的許多領導人仍然繼續按照昨日的假設運作，和躲在舒適的唯驗證為真的作法和心態裡。

即使在已經實施創新作法，並討論領導人需要以不同方式思考的組織，目前的最高管理階層和其他領導人的作法仍存在很大的落差。事實是，千禧世代已經進入領導的行列，並對塑造文化規範有很大的影響力；而許多長期在位的領導人無法很快適應或融入已發生的情況。現在需要的是善用千禧世代的參與，把這批生力軍可自由投入的精力用於有效地領導員工。

改變中的職場／勞動力

新冠疫情不但大大加快了勞動力的轉變，而且加劇了所有產業的職場轉變。雖然這種轉變結果將會如何還不明確，而且它將持續改變，但即使在過去兩年我們也已經知道，這種改變將對領導人的能力有許多新的要求。領導人適應性、策略靈活性和韌性的實踐一直在面對即時的挑戰。我們目睹了多面向和前所未見的困難，首先是轉向線上領導、溝通、制定策略、確保清晰度、擔心問責性和後續執行——以及目光大幅縮短。很少有部門或組織不受影響，因而導致在疫情之前已被考慮過的想法變成必須更新的現實。

領導方法不是恆久不變的

最重要的是，這教導我們，領導方法不是恆久不變的。過去讓我們有今日成就的條件已經改變，而且將繼續以前所未見的方式改變。截然不同的勞動力需要不同的考量，領導人必須開放心胸，以不同的方式思考和領導，這就是為什麼領導方法不可能是恆久不變的原因。相反的，領導必須順應今日和未來勞動力多樣化的年齡、性別、種族和文化差異。今日的員工期望領導人採用更開放的態度，員工希望被傾聽，而不只是有人告訴他們該做什麼。他們希望領導人告訴他們事情的「為什麼」，並允許他們質疑現狀。

管理員工變得更困難，解決方案變得更複雜

提夫・馬克林了解激勵團隊和應對不斷改變的勞動力的重要性——以及領導人在周遭的人不認同新願景時遇到的困境。「如果你讓人們對『為什麼』感到振奮，他們會毫不保留地為你賣力。從這一點出發，接著是進入『誰』——也就是建立圍繞你的團隊，利用思考和方法多樣性的價值來獲得最好的建議。然後第三是決定『什麼』——從決定產生的行動，由整個團體集體執行。但如果你周遭的人沒有共同的願景、目標和共同努力，會發生什麼情

況？這似乎是個真正的問題。雖然正如提夫指出，這個問題實際上比人們想像的更容易解決。他說：「它始於你如何與人建立關係。你是否了解人的多樣性？雖然這個道理似乎很淺顯易懂，但當我第一次擔任管理者時，對我來說這並不是生來就懂的道理，而且人傾向於假設其他人和我一樣。我發現我與某些人談話的方式必須與其他人不同——這些都是了解多樣性的一部分。」

意識到這對共同達成目標的價值是提夫邁出的一大步，不只是在自我覺察上的一大步，也是在團隊的支持下做出最佳決定的一大步。它教會提夫包容性和多樣性的真正價值，還教會他氣氛熱烈的合作的價值以及如何從中得到最大的收獲：

有些人對緊張和互相競爭的想法感覺很習慣，他們對不同觀點可以接受某種程度的衝突；但其他人做不到，他們的反應不同，有時候會焦慮。作為領導人，你必須習慣資深主管間的緊張關係，而不會想太早擺脫這種緊張。你必須協助其他人習慣於適度的創造性緊張，否則你將錯失多樣的思考過程的全部價值，和他們提出（你可能不同意的）建議所權衡的事項。

換句話說，藉由建立對你和對過程的信任，協助你的團隊享受氣氛熱烈的合作。

透過異議來領導

珍妮絲．葛洛斯．史坦（Janice Gross Stein）從另一個觀點探討包容和不同意見的主題，在最近的國際危機和破壞中發現一個共同點：

這些危機的共同根本是什麼？包容性，一切都與包容性有關。每一次危機都需要超越自身邊界的思考能力，將本地的情況與更大的背景連結起來。包容性超越性別平衡，超越種族正義：它涵蓋未來的一切。此外，如果我們真的致力於擴大包容性，我們將必須更習慣於談判桌上的分歧和衝突。這是對正統的挑戰。這也是為什麼我們需要的領導人要能處理善加管理的衝突和討論，而且不會逃避它們（就像在董事會中以「無異議」通過）。知道如何透過不同意見領導一個團隊，可能是領導最重要的屬性。事實上，包容性需要容忍異議。

珍妮絲進一步指出，雖然現在從新冠疫情危機得出結論或預測任何事可能還為時過早，但領導的方法一定會遭到顛覆。領導人不只需要開放心胸才能看到和了解長期的影響，還需要靈活變通以駕馭複雜性，和了解從A到B的過程有多複雜。這意味要有意識地改變。正如珍妮絲所說，領導人「需要能包容，是的，但不能因此而犧牲對於改變的意識」。

有意識：超越本能

正如珍妮絲和提夫所指出的，領導人的作用是激勵、授權和帶領他們的團隊和其他團隊，以便善用精力和達成真正的溝通和協調。今日的環境促使領導人密切關注不斷改變的勞動力，但這需要一種更有意識和深思熟慮的領導方式。依賴直覺和只根據過去的成功方法來行動，並不足以領導一群快速改變的員工。隨著我們進入二〇二〇年代初期，這種勞動力的現實情況，是領導人面臨的三個最具挑戰性的明確遊戲規則改變之：也就是要更融入他們必須激勵和溝通的員工。

想想疫情對領導人面臨的這種極需要批判性分析和判斷力的新要求，例如他們管理的員工、學生和其他人應該在何時以及如何返回工作崗位、教室和其他相關場所。顯然領導人從未處理過如此迫切的決定。因此，擁有真正願意了解員工和不斷改變的期望的態度，將有助於儘量減少出錯的機會。

在過去和現在的許多源於世代匯聚的破壞下，許多領導人的個人經驗和歷程也跟著適應和更新——而今日我們也學會領導人必須適應我們勞動力存在著大不相同的期望。員工希望他們的職場、領導人所做的決策，以及領導人對尊重和包容的個人價值觀能夠前後一致。領導人必須對這種期望要有同理心，這並不表示領導人應該提供員工想要的一切。相反的，領導的工作是知道如何激勵和啟發——然後能夠為更大的利益做最好的事。領導很難，但從未像今日如此重要。

後疫情時代：新層次的挑戰

隨著疫情後環境的演變和形成，領導人也將面臨新層次的挑戰，勞動力和員工的工作方式將出現新問題。領導人的有效性將

遠距混合模型行得通。我們在二〇二一年就已知道這個事實，當時全球三二%的員工以遠距方式工作，遠高於二〇一九年的一七%。

以多種方式面對考驗，特別是與員工的溝通將愈來愈難。隨著工作本身改變，員工將要求更大的授權。職場混合的工作方式將挑戰吸引員工的傳統方法，其他複雜性將來自多層次的資料、趨勢和疫情期間發生的故事。這一切都顯示焦點在於利用人的潛力，並將它視為我們最大的未開發資產。在這種改變的背景下，追求生產力將具有新意義。這一點已展現在我們努力尋找混合工作模式下的最佳領導方式上，透過使用可得的技術來把沉悶、重複的活動自動化，我們可以提升人的元素以刺激更創新的作法，而非取代人。員工希望獲得更大的自主權、更多選擇和更大的彈性，以便根據他們的生活方式來個人化他們的工作體驗。

雖然這個模式很有希望，但我們發現員工的不確定感和他們要求比以往任何時候都複雜的授權，使領導人面對不同心態的員工——從疲憊、感覺工作負擔太重，和不確定什麼對他們最有利等心理。另一方面，領導人本身也感受到一些同樣的焦慮，儘管根據德勤（Deloitte）二〇二一年關於領導的報告，領導人在滿足這些要求方面表現得愈來愈好[1]。隨著的職場和勞動力的遊戲規則改變持續加劇，我們對領導人更新適應力的希望也更加殷切——即使激勵他人已變得愈來愈困難。我與馬克－安德烈的談話談到「領導就是激勵和鼓舞團隊的能力」，他認為，今日的員工希望看到慷慨、開放、值得信賴，以及更重要的是對他們誠實的領導人。無論是在私人還是公共部門，領導與團隊經驗都密不可分——他很了解這一點，因為他曾擔任過私人和公營部門的領導人。正如稍後我們將在第八章看到的，馬克－安德烈承認，領導加拿大全球事務部和領導私營公司可能不一樣，但如果領導人了解有意識和深思熟慮的領導，在公營和私人部門都同樣能獲得成功。這是各部門領導的共同因素。

明確的遊戲規則改變之二：不斷改變的勞動力和職場，證實了讓領導人達到今日成功水準的東西不一定能讓他們保住成功。毫無疑問的，多世代和多文化的人才混合帶來了領導人可以且需要抓住和利用的豐富性。這意味著正在更新領導方法的領導人正在創造有意識且深思熟慮的方式，以藉由多樣性和包容性來邁向更大的整合。在採用遠距工作和混合模式時，他們聚集團隊以進行跨部門討論，並鼓勵表達不同意見，結果是更好的協作。所有這些都是經由熱烈的辯論，而非經由較尋常的共識決的方法。

了解並接受今日勞動力中存在的強烈差異和職場改變，將有助於打開通往成功的大門。事實上，我們可以說領導的成功取決於此。

第四章 遊戲規則改變之三：短命的策略和數位主導地位

當董事會討論領導人時，或當組織落後並對領導人的有效性與適任性產生懷疑時，關注點總是落在三個明確的遊戲規則改變中的一個——利害關係人期望提高，或不斷改變的勞動力和職場。

在本章我們將探討第三個明確的遊戲規則改變——短命的策略和數位主導地位。在過去，策略和它的有效性往往是董事會的主要議題，然後是組織的道德、價值觀和原則成為焦點，晚近則是領導人獲得愈來愈多關注。現在，我們也已開始回頭探討策略在當今環境中的意義，以及它如何影響領導人的有效性。

了解策略如何隨著時間推移而被看待和構思，可能對我們有幫助。這就是順應今日的需求對許多領導人極具挑戰性的原因，以及為什麼許多產業的組織被認為偶爾會陷於困境。制定策略的途徑在過去涉及藉各種框架來提出策略，然後定期更新或在四到五年後重新檢討，有時會一年一度進行策略更新。事實上，許多組織甚至可能沒有明文表述的策略；或者即使它們有，也可能是一套徒具形式的策略。策略應該有更長壽命的觀念仍然存在，甚至處在今日不確定的世界中也是如此。

大衛・科利斯（David Collis）近日在《哈佛商業評論》上發表的文章[1]指

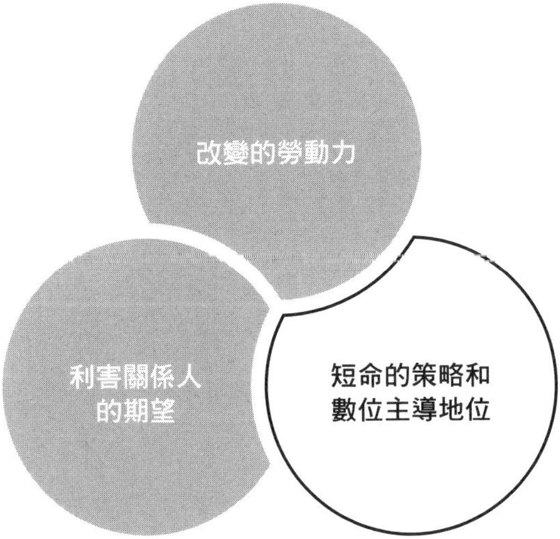

圖 7　短命的策略和數位主導地位

出，「一次搞定」的策略擬訂時代已經結束，「執行長的工作是制訂一項創造和獲取價值的策略，並隨著時間的推移不斷實現它……這項工作從未像今日這般艱難過。」他表示，「執行長往往低估新技術和商業模式可以為顧客增加的價值。」在第一章中，長期研究策略的專家羅恩・法默描述領導人面對幾乎從被任命的那一刻起就要闡明策略願景的壓力：「今日組織、董事會和利害關係人的耐心愈來愈少，領導階層必須準備好因應持續存在的急迫感。」領導人不再有很長的時間來制訂策略，更大的膽量將比以往任何時候都更重要，速度和靈活也是如此。

策略動力學——預見即將發生的事

我們顯然早已過了一般性的策略更新的時代。世界各國的機構得以生存都取決於策略選擇和營運模式的不斷更新和改變。過去十年不斷發生的破壞只是讓許多（甚至是主要的）策略過時或失效，難怪策略是領導人必須因應的明確遊戲規則改變的標準。策略靈活是第一要求，領導人必須證明、並接受策略是完全動態而非一成不變的這個事實，領導人如果故步自封於昨日的唯驗證為真的態度，將難逃失敗和被時代淘汰的命運。

在我們的談話中，提夫．馬克林談到以培養策略靈活性為不可避免的驚濤駭浪做好準備，因為所有領導人在掌舵時都將遭遇這種水域。在接下來的幾個月和幾年裡，它會對整個社會、整個經濟產生什麼影響？這意味領導人必須持續地做前瞻性的思考，即使在與危機搏鬥時也是如此。提夫指出，這表示「領導人必須成立一個幕僚小組，開始思考下一個問題並為它們做好準備」。

在「按兵不動」和不放棄偏愛的策略這類心態背後，是執行長和其他領導人長期抱持的假設，認為這類策略是獨有的，所以也較「安全」些。這類策略曾經讓領導人得以放心專注於面對手上的問題，即使他們內心可能知道它們可能不是最好的。改變並不容易，放棄一個久經驗證的熟悉策略更難。我們一再地看到這一點。

執行確實重要，但要看清楚即將發生的事

當然，我們知道，執行總是比策略本身是否聰明更重要。但領導人必須記住的是，策略也是根據市場所制訂的。它仰賴持續的分析和快速行動，它需要領導人在任何時候都能「看到拐彎處」。這在惡劣的環境中很難做到，但我們必須記住不可預測的情況總是導致人們無

所作為，這可不是只有在策略上是如此。它不等待領導人。

隨著數位化的進展和它在策略更新中漸居主導地位，這一點比以往任何時候都更加明顯。數位化正在迅速教會領導人，策略不只是建立在經驗和智慧上——現在它還依賴市場情報和必須順應市場的波動。策略不但牽涉人過去的經驗和人的智力；它也牽涉在因應不斷改變的環境和破壞時所做的分析（analysis）、調整（adjusting）和行動（action），即策略的「三個A」。

數位化加速

當我們考慮新冠疫情對制訂策略的影響時，我們可以看到它加速了組織內部數位化的採用，而且這種數位化將繼續影響組織前進和成功的步伐。數位化的加速對過去的假設和領導人的靈活性帶來最嚴重的質疑，即使在最先進和最成功的機構也是如此。我們知道自己一直遲於擁抱和順應數位技術，而且對所有產業來說都是如此。例如，據估計在新冠疫情期間，我們過去需要兩年來做的事在短短兩個月就做到了。雖然這從任何標準來看都很了不起，但它確實揭露了高階領導人本身（和一般員工一樣）遲於學習如何藉由數位化來擁抱真正的價值和善用策略。我們今日在組織成功中發現的任何策略差異，都反映了科技能力熟練和使用的程度。

這強化了一個事實，即領導能力必須快速地趕上，就像人力資源策略納入強制性的科技以促進新領導人才的儲備。這意味領導人在任何時候——尤其是在此刻——最重要的職責之一就是他們自己的自我更新和培養其他人（導師制）。思科（Cisco）前執行長約翰・錢伯斯（John Chambers）是擁抱科技並預測科技裝置爆炸式成長和數位躍居主導地位的主要先驅之一，長期以來他一直預測裝置的應用將呈倍數成長。當我們研究那些順應並抓住趨勢的組織與那些因抗拒或自滿而陷於困頓或失敗的組織的差異時，這種情況已變得相當明顯。所有產業都是如此，無論規模和複雜性如何，包括銀行、醫院和大學。

達瑞爾·懷特談到發展數位流暢度（digital fluency）和適應新方法的重要性：

> 我們選擇銀行業作為「數位優先」的產業。你必須在數位化上做明確的選擇，並建立一個拐點。還有其他拐點奠定了數位化的基礎：二十五年前的拐點牽涉的是規模和流通管道，例如網際網路；然後是透過科技工具改善使用者體驗；然後在十年

前，重點是在內部結構，公司的「架構」應該是什麼樣子才能為成本結構帶來最有效益的結果？現在隨著人工智慧、機器學習、量子計算的出現，焦點已轉向以效率、速度和模式辨識來驅動結果。這就是我們今日所在的位置。

擁抱科技

梅里克・格特勒（Meric Gertler）提供了新冠疫情如何影響多倫多大學裡的領導和採用科技的例子：

我們如何處理新冠疫情是一個有趣的故事。早在二〇二〇年三月，我們就在一個週末內成功調整了六千門課程——這是一項了不起的成就。現在我們正以虛擬模式來提高教學和學習的品質，所有教職員都必須在很短時間內學會這些東西。過去的一年來，我們在使用網際網路平台和虛擬教學科技方面比以往更跨進一步，教師們很踴躍地採用有效的虛擬教學課程。

採用這種科技是一回事，為持續使用、擴大和升級它做準備則是另一回事。更具策略性的是為下一次危機做準備——它的體現就是規劃和執行一套為了促進流通和使用數位科技而擬訂的危機管理計畫。梅里克描述他們做了什麼：

故事的另一部分是我們在新冠疫情之前擬訂的危機管理計畫。當疫情來襲並宣布進入緊急狀態時，它給了我們著手的地方。我們設立一個危機中心，從大學各部門募集有重要技能的人，因而成立一個跨機能的團隊。這個團隊到今日仍然存在，但已經過調整和順應，正在進行復甦規劃。由於設立和運作總是充滿挑戰，我們需不需要在後疫情時期把這個功能制度化，甚至只是保留它完全不變？我們也必須了解到，隨著疫情持續，人們會變得「更僵化」。我們已多次要求他們改變，但他們已耗盡能力而無法改變。我們如何長期保持這種靈活性？這就是讓我晚上睡不著覺的原因。

適應性加上靈活性

梅里克的故事傳達了領導人在應對不確定性和處於未知情況下會遇到的許多主題。這一切都歸結到具備良好的策略靈活性，但良好的策略靈活性並不等於個人的適應能力。相反的，它意味保持你已建立的基礎，並激勵其他人也這麼做，否則將開始出現退縮，進步將開始消退。換句話說，領導人如何保持擁抱改變的動能、開放性和意願？他們如何在組織內助長動力？這需要哪些激勵措施和結構？為了回應這些問題，梅里克建構一個「圍繞問題打造的機構倡議架構」。正如他所描述的：「這個架構沒有參與的障礙，反而

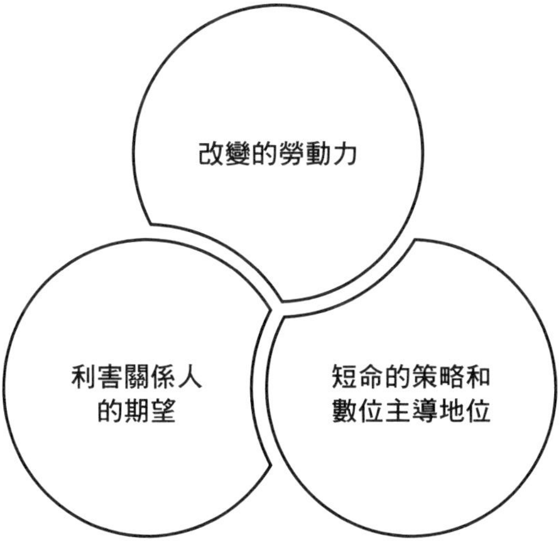

圖 8　三個明顯的遊戲規則改變

是為了解決問題而設，也就是如何善用科技以增進社會利益，解決綠色能源和社會生態的挑戰。我們在大學創立一個創投基金，為許多小投資專案提供『激勵胡蘿蔔』。對大學界來說，這是革命性的創舉。」

短命的策略和數位主導地位的明確遊戲規則改變使領導變得更加困難。它需要三個關鍵步驟：（一）了解現有技術的潛力，並在其他人已經超越你之前搞懂它們；（二）調整或放棄既有的策略；以及（三）即使面對逆境和抗拒也要勇敢和堅毅地推展它。這清楚地確認了有意識的領導已成為必備的能力。

三大遊戲規則改變密不可分

這帶我們回到在不斷改變的勞動力和職場的明確遊戲規則改變中，領導人有責任激勵、領導和啟發的主題。同樣的，它把我們帶回到利害關係人期望升高的明確遊戲規則改變，其中信任和品格要求是最重要的成功條件。了解科技對人的影響將使領導發生很大的改變，這勢必將對許多領導人帶來挑戰。根據研究，數位化本身就可能使三〇％到四〇％的領導人陷入困境。事實上，領導人經常因為他們無法或不願意在這時候順應改變而遭到更換。約翰．

錢伯斯指出，隨著組織轉向數位化，領導將更具挑戰性。

領導人為組織選擇的策略、他們行動的速度、他們如何處理所有改變、他們策略的短暫壽命和受到科技的影響——這些都將迫使領導人更新能力。我們看到這個趨勢的成本面已經被接受：「對透過數位化和科技實現業務轉型的公司來說，人才才是一項長期的挑戰。隨著組織制訂計畫以填補從董事會到第一線的關鍵科技人才的缺口，其結果顯示出技能的缺口沒有萬靈丹可以填補。財務表現最好的企業表示，他們較依賴僱用新員工。但在其他公司，受訪者表示他們同樣關注招聘和再培訓現有員工，而這兩類公司同樣依賴結盟或委外。」2

因此，領導方法的開發和更新需要跟上步伐，否則就可能失去成功的機會。個人適應力、策略靈活性和韌性現在都必須成為領導人條件的一部分。與十年前不同的是，當時我們看到許多領導人的轉捩點和許多創新和大膽的作為，而現在則比較是重新設定、更新和轉向新可能性的關鍵時刻。

從外部破壞到內部信念

在第一篇我們探討了領導從未如此重要的一些核心原因，以及為什麼好的領導很難達成。對三個明確的遊戲規則改變的關注，大體上與整個格局的外部破壞有關，這些破壞正以急劇的方式影響所有部門和機構。這種破壞是任何組織所無法控制的，但每個組織都應該了解、擁抱和應對它們——並承擔成敗的責任。

接下來在第二篇，我們探究的焦點仍然與領導人個人有關。我們將研究領導人從長期抱持的領導信念中獲得的虛假信心——特別是：（一）領導方法是恆久不變的（事實並非如此）；（二）人們期望領導人知道所有答案（不可能）；（三）挑選領導人是根據過去的「高」績效，而不是他們今日如何領導（有問題）；（四）古老的假設是軟技能（或人的技能）一定會隨著時間推移而產生，因此它們可能被忽視或被賦予較低的優先順序（這也有問題）。

第二篇

長期抱持的信念、迷思和習慣——領導人成功的挑戰

第五章 去除迷思需要精力和勇氣

思想轉化成為話語，話語表現成為行為，行為發展成為習慣，習慣固化成為品格。

——無名氏哲學家

我們今日的信念根源於我們昨日的想法，而我們的行動則由我們的信念驅動。信念是強大的，我們可以擁有它們——而且我們可以改變它們。這取決於我們！有很多文章談論人的心態造成的影響，我們常聽到「約翰有開放的心態還是僵化或封閉的心態？」這類文字賦予我們如何思考——以及我們假設或相信什麼——的意義和內容，促使領導人以特定的方式領導。領導人的領導方式是根植於他們堅定的信念和假設。

領導人相信什麼很重要，而這完全取決於他們。領導人有自己的思維方式，如果他們想要並且有勇氣和堅持到底的毅力，他們就可以改變它，這對領導人究竟是會適應或堅持昨日的假設很重要。一些領導人的思想很狹隘、一些人對生活的可能性抱持消極態度、另一些人則樂觀地思考可能性。許多人始終保持磊落的心態，而有些人則不然；有些人根據知識和事實思考，而另一些人則憑著個人觀點思考。

領導人可以選擇自己的心態

我堅定認為信念和心態是可以改變的，人（包括領導人）可以控制它們。領導人可以選擇自己的思考方式；這是一項權利，雖然它可能帶來正面和負面的後果。領導人擁有影響力並且必須承擔後果！這就是使用純粹本能領導和有意識領導的區別。

達瑞爾．懷特描述自己從本能轉變為有意識的領導是一個進化的過程。剛開始他完全憑藉本能領導——他在別人給他的環境工作，接受別人給的任務，處理它們，然後繼續前進。範例和工作手冊等現代管理概念似乎是多餘的，他會抗拒它們。那麼是什麼時候他終於開竅，知道他必須更新自己的思維？他回答道：「當我意識到我作為領導人的挑戰『不是領導我』時，它是領導別人——而他們和我不同。這意味我的工作不只是每天起床、上班、公事公辦。」他發現他需要一幅「意識的地圖」。

今日達瑞爾會「有意識地」展開他所有的談話，先確認組織的價值觀和最重要的事。他談到地圖，由多樣性、同理心和意圖構成地圖的目的地，然後他會找出達到目的地的手段（或「槓桿」）。「一切都必須回歸到地圖。為什麼？人們習慣於只顧做自己的事情，有些人不想與別人打交道，有些人需要方向和目標，激勵所有這些人很重要，這就是為什麼你每次都要排練地圖。此外，地圖的外觀和感覺必須對每個人來說都是相同的：我們需要一種共同的語言來描述它。」這就是有意識的領導與策略相遇的地方。達瑞爾說，如果他沒有借用某種結構來協助他和其他人專注於重要的事，他就很可能失敗。在這個有如此多干擾的時代，我們可以藉由問「它在地圖上嗎？」來辨別方位。

信念和習慣決定我們如何領導

當我思考我的信念習慣和作法如何影響自己的領導方式時，我的學習因而得到長足的進步。當我開始質疑自己對特定主題或問題的心態時，我就能看清為什麼我並不總是能如我所願的那樣有效。這讓我了解到我如何才能增進自己作為領導人所追求的良好影響，以便在許多領域完成許多事情。我現在在羅特曼管理學院的課堂上做的一個練習是，建議領導人在任何會議和課堂討論前停下來思考以下的問題：「我對這個問題有什麼信念？我對它真正的心態是什麼？它是封閉的還是已經成形的？」這個小練習無非是停下來反思和檢查自己的立場。領導人這麼做有什麼好損失的？可能發生的最糟情況是，他們曾學到一些可能有用的東西。

沃爾特的故事

我曾經與一位做每件事都很傑出的執行長（沃爾特）共事。他從事的行業因為競爭愈來愈激烈而動盪不安，但這對他來說似乎不重要，因為他適應和更新的能力十分驚人。他的祕訣是什麼？有一天我以顧問的身分和他見面並檢討他最近展現的影響力[1]。沃爾特問我對他的領導能力有什麼看法，因為我對這個主題有長期的觀察和研究。我的第一個觀察是他的心態——他對左右他做決定的信念的反省能力，以及他總是根據他的意圖而非本能行事的能力。他是那位無名氏哲學家在本章開頭所描述的鮮活例子。正如沃爾特所說的「我們應該非常仔細地觀察我們的想法」，以及我們應該「讓我們的想法出自所有人關心的地方」。他藉由實踐慷慨、公平和同理心來強化這種深思熟慮和基於價值觀的領導方法。此外，他的方法可以對治許多領導人有時候因為過時的心態和信念而沒有意識到的盲點。這使他能夠有意識地檢查盲點，並且有意識地去努力改變它們。

創造領導人今日成就的東西無法讓他們繼續保住成就，保存期限是有限的，而且環境一直在變化。有意識、反思、回饋和願意理解或重新思考作法都對領導很重要，還要加上好奇心、勇氣和精力，願意放棄那些已經超過「最佳賞味期」的想法和方法。然而，正如我在八大能力的研究和在課堂上數百次與領導人互動中所發現的那樣，大多數領導人不會停下來或花時間質疑自己的信念、偏見或他們對特定領導方式的立場。他們反覆地受它們指引，即使在面對各種遊戲規則改變和破壞時也是如此。他們「曾經是好領導人，就永遠是好領導人」的固化心態驅動著他們的思考、談話與行動，當然還有他們所造成的影響。

卡蘿・德威克（Carol S. Dweck）啟發人心的《心態：成功的新心理學》（*Mindset: The New Psychology of Success*）是一本深入探討人的心態如何和為什麼運作的佳作，它可以用來作為領導人致力於變得更有意識和更有適應力的強大工具。德威克對心態和學習的許多解釋和洞見能帶來啟示和幫助，她建議要想卓越超群並持續不墜，領導人必須相信並了解天賦和才能雖然有助益，但更重要的是要對學習和失敗保持開放的心態[2]。在沃爾特的例子裡，他在很多方面都是卓越超群，並且也避免了德威克所說的「執行長病」——即「高高在上地統治」。沃爾特有一種努力當一個真正領導人的心態。

在這個研究中，我歸結出四種最常見的錯誤信念，了解這些信念有助於了解為什麼領導已變得更困難。我稱這種研究為「第二觀點」[3]，這種觀點專注於領導人的個人心態和信念，以及它們如何幫助或阻礙他們成為心目中渴望的好領導人。以下是阻礙領導人成為好領導人的四個錯誤信念：

一、領導方法是恆久不變的：曾經是好領導人，就永遠是好領導人。（錯！）

二、軟技能會改進，只要給它們時間。（錯！）

三、高績效等於高領導潛力。（錯！）

四、導師主要是對較低層次的領導才重要。（錯！）

當然，錯誤的信念不只有這四種，還有更多，但這四種是許多領導人共有的心態。

我們無法完全避免這些錯誤信念以及領導人因為它們而表現得不盡如人意。這四種錯誤信念帶來的影響和虛假信心，甚至展現在那些看起來很會領導的領導人身上。有時候它們的影響——特別是長期的影響——看起來很隱晦，使得領導人往往視而不見。但正如我不幸目睹的那樣，這四種信念是眾所周知會導致領導人犯錯的原因。現在就讓我們看看這四種錯誤信念。

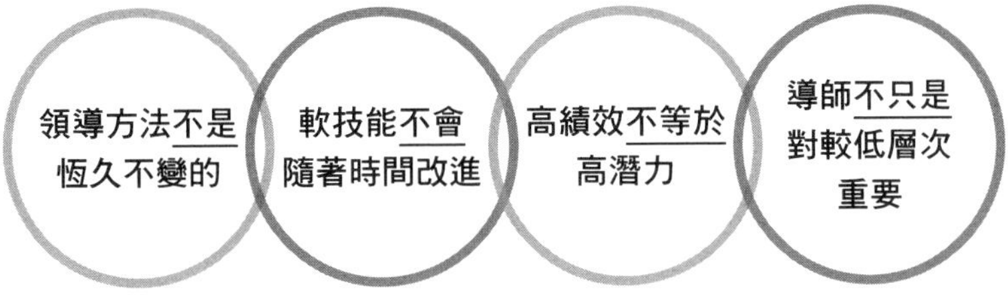

圖 9　領導人的錯誤信念

第六章
領導方法不是恆久不變的——它有保鮮期

我們面臨的重大問題無法以問題發生前的思維水準來解決。

——愛因斯坦

了解你的影響力

領導方法沒有永久的公式。是的，幾十年來我們一直在質疑、爭論和宣稱領導方法是否恆久不變的意見。許多領導人在達到職涯頂峰時認為且深信一旦我們成為好領導人，就會始終是好領導人。對於大多數領導人來說，這個假設中的錯誤是在很久以後才逐漸顯現，但不是每個人都能發現到這個錯誤。領導人經常面對各種隱而不顯的困境，而且長期下來它們會漸漸削弱「曾經是好領導人，就永遠是好領導人」的心態。造就你現在成功的環境已經改變。

影響力很重要，對他人有積極的影響力是好領導方法的核心。領導人有很多目標和成就，不同的事物在他們職涯的不同階段具有重要性，例如金錢、權力、頭銜等等。但終究對必須激勵其他人的領導人來說，能發揮積極影響力是成功的要素。

未實現的潛力

遇到領導人的潛力和才能沒有發揮、甚至被浪費，是最讓我感到悲哀的經驗，特別是主要原因為缺少自我更新時，還有當領導人被固化的心態或信念所囚禁，一旦他們成為成功的領導人，學習就隨之減慢或停止。這時候我往往看到恢宏的職涯前景和個人抱負為之破滅。

但另一些人已經拋棄這種禁錮的心態。偉大的領導完全仰賴終身學習，它永不停息。凱蒂・泰勒告訴我們這意味什麼：「我們是自身經驗的產物——所以我們的出發點絕不是我們日後或我們『成熟時』的樣子。領導方法需要終身學習，不只是學習事物，還要學習開發自己。」凱蒂從小就知道自己是一個喜歡爭取最好成績的競爭者，是家裡第一個上大學的人。在她成長的過程中，專業人士和商界人士都是男性，婦女通常從事教學和護理工作。「然而我一直是一個『人的組織者』——安排活動、導演戲劇，在高中時參加運動隊伍，試圖鼓勵人們付出更大的努力。或許我也能在商界做這類事情？實現這個雄心壯志和擺脫小鎮思維仍花了我十年左右的時間。」

悔不當初

當我與一些高階主管交談時，經常聽到一種幾乎像是悔不當初的反思，表達要是他們能更早知道和了解一些道理，將在他們的領導生涯中帶來極大的助益。他們覺得如果能獲得這種了解，將使他們變成更好的領導人，發揮更大的影響力。我認為他們是會反思和關心自己的影響力和如何領導——或沒有領導——的領導人，但有時候已經為時晚矣。

這種對什麼可能更好或本來可以更好的思考，強化了我對領導就是自我更新和終身學習的強烈論點。我們經常被教導，當領導方法能維持一段很長時間的成功時，它必然是恆久不變的，這是很多觀念混淆的結果。雖然有人確實可能具有天生的領導能力，讓他們在領導生涯中走得更遠，但這並不能保證這個人永遠成功。相信「領導人是天生的」意味那些與生俱來的能力和本能就足以造就成功和優秀的領導。但由於我們的環境正在發生這麼多改變，所以這怎麼可能？愛因斯坦在本章開頭的引述中說得好。

領導是動態的

我們的領導能夠成功的原因——無論是憑藉天生或學習而來的能力——都是由意識所推動的。領導是動態的，而不是靜態的。它由不斷變化的環境所驅動，而這種環境持續被我們不斷改變的情況所塑造，並進一步受到領導人自己對更新和拋

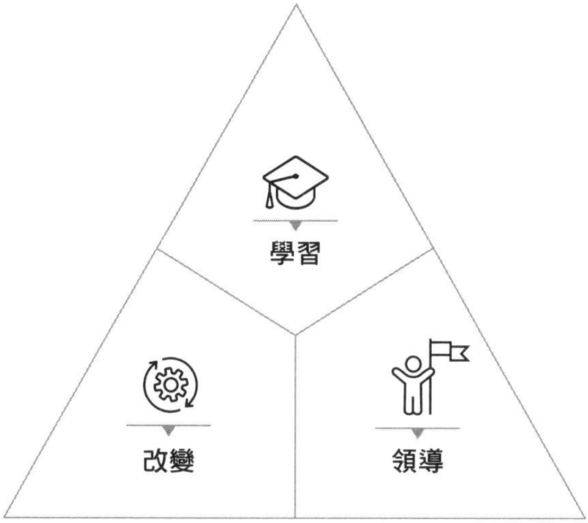

圖 10　建立連結

棄長期信念的選擇所推動。更新的一個重要部分是，領導方法既是學習來的，也是藉由終身學習來強化的。

領導人如何持續學習是貫穿珍妮絲・葛洛斯・史坦的領導研究的基本主題。「在看到政府、政壇和企業的許多種領導風格之後，得出的結論是關鍵的決定因素是環境。如果領導人在某個環境因為駕輕就熟而變得太自滿，他們就會犯下嚴重的錯誤。為什麼？因為他們對周遭改變的覺察和敏感度會降低。」

然後珍妮絲把學習、改變和領導連結起來：

有兩種類型的改變。一種是在人知道的廣泛範圍和人領導的框架內發生的改變。這是個問題，但不像第二種改變那麼糟——環境的改變。「我們將重建過去的美好」令人聽起來不舒服，而且完全不了解未來領導將面臨的挑戰。以新冠疫情為例，它完全改變了環境。主張恢復「常態」的領導人並不是在為自己或他們選民的未來做準備，辨識是否正在發生深刻且不可逆轉的改變，是領導人必須面對的最重大挑戰之一。成功的人對質的改變很敏銳。

當領導人意識到改變正在發生，他們需要不同的技能和面對不同的人們時，就會達到轉捩點。看看這個人的基本心態，唯驗證為真的信念是否過於自滿？是否已喪失超越現狀的想像力？答案將反映領導人的智力、心態、情緒組合、教養。打破自滿心態是邁向新水準的關鍵。但你可能因為害怕不確定性和不夠了解改變而缺乏信心，以至於無法因應新環境。

我們處處可見人們隨時都渴望有更好的領導，對此，今日人們比以往任何時候都更努力地追求。董事會和政府的關注肯定是愈來愈殷切，但我們整個社會和所有公民也都比以往任何時候更關注他們領導人的品質。任何事故都與他們的福祉有關，並且顯示出領導人應該負起哪些責任的觀念。領導人已成為關注的焦點，人們正在關注並質疑他們所看到的。

行動呼籲：超越過去的模式

這種現實帶來一個常見的問題：領導方法可以學習嗎？能被教導嗎？這當然是一個要求行動的呼籲：開始以不同方式思考最好的領導方法，和檢視自己的作法能否經得起考驗。對領導的關注現在也顯示出更加重視具體的技能和行為。在過去，當大多數領導人經歷他們的領導生涯時，我們的模式並無法顯示構成他們關鍵能力的具體技能和行為。

基於許多原因，我們的MBA和其他高級課程也沒有教授這類領導課程，儘管它們應該被認為是挑選和任用潛在領導人的最佳課程。這引發一個問題：我們是否有時候過度依賴MBA和其他這類正式教學，而不夠重視深思熟慮的、及時的領導方法的自我更新？

例如，羅特曼管理學院的前院長、也是我最欽佩的領導人之一：羅傑・馬丁（Roger Martin）曾提出一個觀點，認為一些MBA學生和畢業生在他們所學的分析模型中，往往有一種過度發展的權力感，而對他們在處理當今破壞性時代的複雜事務時領導成功的局限性沒有足夠的認知。

教授們曾告誡我們，不要過度依賴純粹的正規教育來管理和領導，他們指出，雖然我們確實可以從一些學科獲得技術工具和了解，例如經濟學、行銷、金融、會計，而且它們也很有用，但人們在管理／領導能力上接受的訓練卻較有限。亨利・明茲伯格（Henry Mintzberg）的一句話很貼切地表達了這個想法：「領導力就像游泳，無法透過閱讀來學習。」

當然，現實情況是正式教育對了解今日的複雜性很重要。這是最起碼的要求，而且極有價值——但這已不再足夠。因為，這種教育通常在案例研究和類似課堂的環境中進行，並以單一的正確答案解決問題。然而今日的社會和所有領導的問題，不管是哪個部門，都已變得更多樣化、複雜化和更不可預測，固化的思維和靜態的更新可能限制領導人的因應能力。領導職位不可能永遠不變，基於這些原因和許多其他原因，如果沒有自發性地更新，即使是我們的領導楷模也不可能保持相同的卓越水準，他們也可能受到相同的限制。

終身學習者

更新的能力或傾向來自哪裡？承認自己可能不具備某種技能、但可以及時快速學習，這是更新的重要特性。對於瑪麗・安妮・錢伯斯來說，更新的能力「來自對成為終身學習者的開放態度，不意以一種實踐的方法確保個人有能力承擔新的或不同的責任，並願意投入精力。」瑪麗・安妮對實踐學習方法的好例子，是她在一所醫院的董事會接受董事的職位。堅定致力於成為優秀而盡責貢獻者的瑪麗・安妮立即深入研究醫院政策，以深思熟慮和有意識的方式學習她能學到的一切。她不但透過這種奉獻精神和領導能力為董事會和醫院提供了很好的服務，一年內她也被任命為副董事長。

瑪麗・安妮的例子清楚地告訴我們，領導方法從來就不是恆久不變的或是純粹的本能，它是在一個連續循環中的學習、更新和再學習。「一旦你成為一個成功的領導人，你將永遠是一個好領導人」的信念是錯誤和有害的，它可能侵蝕一個人的影響力！讓我們今日能夠成功的東西無法讓我們永遠保持成功，能以很優異的速度跑完馬拉松，並不保證一輩子擁有這種優異的跑步能力。領導的重點是靈活性，而這與我們的肌肉沒有什麼不同，如果不經常保持靈活性，肌肉就會逐漸衰弱。

第七章
軟技能不能光靠時間而提高

你有多少次聽到別人說以下的話，或者你也這樣想？「這個人被挑選出來擔任此重要的領導職位，我們完全相信他會成功，因為他過去的成功經驗和在大多數情況都有優秀的業績表現。雖然我們知道這個職位在軟技能的需求上會提高，但我們認為這不是阻礙因素——在擔任這個角色幾個月後，這種能力將隨著時間而改善」。

樹立楷模的後果

時間會解決軟技能的問題的這個假設，一直是挑選領導人時最強力、也是經常被貫徹實踐的信念之一。當然，這是領導人跌跌撞撞、陷於困境，甚至最終走向失敗的最大原因之一。另一方面，領導人缺乏同理心、缺少溝通和樹立楷模所帶來意想不到的負面後果，則可能極為嚴重。領導人的下屬、同事、客戶和同事總是受到影響，這種潛在的負面影響或傷害可能會持續很長的一段時間。它反映出做得很糟糕的樹立楷模情形——領導人的核心職責之一。

領導人往往沒有意識到或低估了部屬和周遭的人會觀察和評判他們。事實上，當我與領導人討論這個問題時，他們對自己的影響力往往感到很驚訝。我自己在這方面的故事可以追溯到我被晉升為蒙特婁銀行執行副總裁的時候——那是二十多年前，當時這類職位很少見，尤其是女性擔任這類職務。在宣布任命的那天，我收到來自銀行各部門許多人的一百零四封電子郵件，其中有許多人我不認識，但他們曾與我有接觸。這些電子郵件的內容不只是祝賀——大多數祝賀者都表達為什麼他們心裡認為我應該得到晉升和認可。我很驚訝於他們觀察的細節以及為什麼他們認為他們觀察到的特徵和行為如此重要。他們的許多評論和觀察令我感到意外，我沒有意識到自己一直表現出這些（積極的）行為。

這是我學到的最大教訓之一，也是我整個職涯中得到的最有影響力的一些回饋。人們看著你作為領導人所做的一切，並記住積極或消極的反應，它對其他人的成長和發展有著巨大的影響。當然，寄給我電子郵件的人沒有觀察到我可能需要改進的行為，以及對我的成長很重要的行為，這教會了我在職涯過程中致力於尋求這類回饋的習慣。

這個經驗讓我想起了詩人馬雅・安傑洛（Maya Angelou）常被引述的一句名言：「人們會忘記你說過的話，人們會忘記你做過的事，但人們永遠不會忘記你給他們的感覺。」我對別人樹立楷模的建議是，真正注意你對他人的影響。言語很重要！這也是領導人需要反思和有意識而為之，非純粹憑本能行事的另一個重要原因。領導人的偉大是以他們的積極影響力來衡量的，而非他們宣稱獲得哪些別的成功事績。楷模是藉由領導人講述的故事、提出的問題，和他們每天與他人連結的方式而樹立的。

言語很重要！

達瑞爾・懷特同意言語很重要。正如他說的：「今日我們生活中的大多數事情都會被記錄下來，意識到這一點是領導的特性之一——你可以把它當成一個優點來使用，但忽略它可能使其變成一個真正的缺點。我發現，即使是簡單的私下談話，也可以被不認識你的人解釋為強烈的價值宣告。你必須意識到自己擁有的影響力——不只是作為執行長，而且是在你的領導生涯中。」因此我應該提醒大家，領導是一種特權，而且負有重大責任。它牽涉到被信任託付以指導其他人，為他們的學習增添價值，並贏得他們的信任和尊重。這不只是被賦予領導權的人的成年禮。達瑞爾還說了一個故事：身為老闆的他基於家庭的原因而決定買一輛較便宜的汽車，當員工知道這件事時，人們開始四處八卦說老闆買的汽車「降級」意味公司紅利也會因此減少。達瑞爾在談到這件軼事時說：「人們從領導人的表現所看到的東西，遠比任何人想像的還多。」

廣泛的傷害

對不把軟技能視為優先要務的領導人來說，思考前面馬雅・安傑洛的引言和許多其他領導人經歷的故事，應該會刺激他們以認真而有意識地的態度重視這些技能。這一切都牽涉到自我覺察。描述一個人做事很急躁，但總是能達成任務——或者「某個人做事容易得罪人，但總是能完成工作；但也漸漸變圓融了」——這些常聽到的判斷顯示出軟技能不是很重要。但我們必須注意在挑選領導候選人時，或當我們做自我評估以便改進時，我們是否贊同這個假設。還有一個潛伏的假設，即軟技能是軟弱的跡象；或者，如果在領導職位上需要這類技能，時間久了它們自然就會養成，所以沒有必要操心。但我們剛才已指出，領導人的言語和舉止很重要。因為容忍某人的「急躁」或「容易得罪人」等問題造成的傷害，可能會帶來長期的影響。擅長製作試算表無法彌補你所缺乏的軟技能。

實踐正在改進

儘管比我們希望的慢，但領導的實踐正在改善，因為領導的鐘擺正轉移到把軟技能列為優先事項那頭。愈來愈多證據顯示所有部門都認識到這一點。對領導人善解人意、富有同情心、善於傾聽和溝通的期望，現在已得到更開放的討論，並且正在成為必備的條件之一，而且有明確的證據證明在過去和現在的實踐中都受到重視。長期以來，人們認為這些技能會隨著時間推移而進步，領導人無需有意識地適應，但這是錯誤的假設。這是一個常見的盲點，會悄悄地侵蝕領導人的效能，而具有平庸軟技能的領導人會淪落為低效的領導人。這多麼可惜！這樣的領導人通常擁有可以掩蓋這種缺點的技術性、分析性和策略性的能力，但這並不能彌補他們應該能把領導做得更好的事實——如果他們練就更好的軟技能，他們可以對組織和周遭所有人帶來遠為積極的影響。對於領導人的直接下屬來說尤其如此，他們獲得的積極影響經驗對他們的發展和成功極其重要。

潛伏的自我覺察

自我覺察和學習是領導不可或缺的事，正如一位極具潛力的領導人瑪麗參加我的領導課程時發表的證言所述。瑪麗在她的職涯過程中進行一項重要的專案時遭遇失敗，這對當時的她來說是一大挫折。但後來她反思這對她作為領導人的發展有什麼意義。「哇，我從未在商學院學到這些。我想讓我走到這一步的好成績和分析能力，將無法讓我達到下一個層次的領導階段。我想做好領導。我現在知道成為一個優秀的領導人不只牽涉我和我是誰，以及我能做什麼或聰不聰明——而且還牽涉到我如何影響其他人。它牽涉我如何看待其他人以及如何領導和激勵其他人。」所以，那個挫折對她來說並不是故事的結局，也沒有終結她的職涯熱情。她反思並學到一些關於領導的重要知識。

智商－情商－仁商

瑪麗的故事現在已更常聽見了，因為軟技能的重要性已廣為人知，且被視為持續成功的關鍵。它證實了從更傳統的關注智商（IQ）轉向與情商（EQ）平衡的改變。《哈佛商業評論》近日一篇有關持續成功的文章中，萬事達卡前董事長理查·海索恩斯韋特（Richard

Haythornthwaite）和現任董事長彭安傑（Ajay Banga）寫道：「這家金融市場公司現在不只談論智商和情商，還談論仁商（decency quotient，DQ）。[1] 我有時談到RIQ是領導人需要注意的一個素質：「義憤商」（righteous indignation quotient）。這一切都牽涉到自我覺察、獲得回饋，然後是適應的意願。我們確實看到研究開始指向自我覺察是領導人成功的推力，領導人在更新自己的信念和行動時，軟技能一直是需要關注的盲點。

同理心正走出陰影

我們在這裡討論的是領導中的同理心。這意味要覺察你周圍的人在協助你的領導上扮演了不可或缺的角色。表現出同理心與在追求目標時展現果斷和堅持並不矛盾。瑪莉・喬・哈達德很清楚地表達這一點：

> 當我們說「人很重要」時，如果你沒有考慮到你的決定對人的影響，那就是空話。換句話說，如果你缺乏同理心，那句話就沒有意義。專橫的行事作風總是招致失敗。那些非常高高在上和喜歡下命令的人，往往不明白為什麼這種風格行不通。從

來沒有人問過我們如何才能做得更好；從來沒有人指出做有影響力的決策關係到減輕你周遭執行工作以支援你願景的人所承擔的風險。同理心並不代表退縮或退出，如果那是你想要的東西，那就努力爭取——並且要知道有很多人幫助你達成目標。專心一志是一種力量。這是可以學習的，特別是如果你了解到專注和不畏艱險並不表示在沒有人協助的情況下「按照自己的方式做事」。

瑪莉・喬說明為什麼我們看到過去同理心的概念遭到抗拒，並被認為是軟弱和不適合商業環境的。雖然這種態度正在改變，但它仍然讓人聯想到有同理心意味必須滿足每個人的需求，以避免被認為過於強硬和冷漠。但隨著情商得到充分的了解和關注，這種錯誤的信念正逐漸消失。我們現在已更了解同理心在今日最被重視的領導人條件清單上已上升到很高的排名。

新冠疫情的經驗無疑推升了同時具備同理心和同情心的領導人的重要地位，因為他們能設身處了解別人的觀點，並對更大的良善做出回應。他們必須在能同理其他人和組織的需求下行使領導力。沒有同理心，領導人將無法生存。這種軟技能既不與其他領導方法矛盾，也不與它們競爭優先順序，而是領導人在今日的現實情境中發揮領導作用的明確義務。

個人價值觀如今更加受人關注

領導人的價值現在比以往任何時候都更受人關注：他們從所有利害關係人贏得的信任受到密切的檢視，包括顧客和員工。領導人意圖和行為的動機往往被認為來自個人價值觀——驅使我們行動的密碼。當缺乏同理心和一個人的品格受到質疑時，人們往往想知道個人的價值觀是否便是如此。特別是因為我們的心態和信念在指引我們的人性和影響他人時的力量更大。

第八章
導師不只適用於資淺的領導人

「約翰這個人很有潛力，可以走得很遠，但需要一點協助——也許導師對他有好處。」

這聽起來很熟悉嗎？

大多數時候，我們發現談話中的人正被考慮升遷或剛被任命領導職務。他可能正接受培訓或者是一個高潛力員工（HIPO），對他們來說，由導師來教導他們現在是較進階的人才開發方式之一。不管是哪一種情況，組織及其領導人重視培訓和導師制的作法，把它當作重要的干預措施是很令人鼓舞的。我的經驗可以讓我講述數百個有關導師好處的故事，我自己的信念是，每個渴望學習和變得更好的人都應該有一個（或兩個、三個）導師。我認識很多人有導師！

關於導師的迷思

讓我們繼續說約翰和為他找一位導師的故事。我們發現大多數人在考慮導師制時，他們更常是針對初階到中階的員工，而很少針對高階領導人。本章將闡明有關導師的另一個信念和迷思，它某種程度存在於許多人的心態之中，甚至認為成功的領導人不太需要正式的導師指導。這種心態源自一種思維，即正規教育對培養領導能力不但已很足夠，而且可以長久持續。不過，有關過度依賴正規教育的一些意見值得我們考慮，包括來自商學院的意見。

當執行長或其他領導人徵詢我的建議時，我的第一個問題是你有導師或知己／共鳴板嗎？每個領導人都會被我問及這個問題。他們還會聽到我的第二個建議：「請立即考慮這件事。」甚至在羅特曼管理學院上課的領導人在開始課堂討論前，也會被問到這個問題。這種討論往往轉向導師究竟「其他人」準備的，或者只有在你遇到問題時，或主要是新手才需要導師？這些都是事實。令人鼓舞的是，領導人確實承認導師的價值，而且這在選拔人才的過程中愈來愈明顯。現在有高達二〇％的正式培訓涉及導師，遠高於過去的五％；另有七〇％涉及指派其他職位任務，一〇％是課堂課程等。看起來二〇％已是不低的比率了。

不過，對學習領導的學生來說，令人遺憾的是導師還是太少了，大多數領導人在領導生涯中仍不是把導師當成學習的來源和推動力。當領導人錯誤地以為他們太資深、太進階、太聰明或受過正規教育，所以不需要有導師的教導時，那就是不幸的損失。在某些情況下，我確實會遇到這種心態。幸運的是，研究顯示在許多調查中有高達八〇％的執行長表示，他們以某種形式與一位、甚至兩位導師有接觸。它可能是與有智慧的知己、朋友或其他統稱為顧問之間的導師型關係，他們甚至可能不被稱為導師或不被承認是這種關係。

有些人有好幾個導師！

馬克－安德烈・布蘭查德和在本書中分享故事的大多數有成就的領導人，都對導師這個主題發表了評論：「喔，是的，我有一大群導師，我經常向他們尋求建議。十多年來，許多人一直是我『求教』的對象。這是我成功的祕訣。」當馬克－安德烈還在求學時，他會尋找楷模，也就是他可以效法的對象。他學會了如何交流和建立關係，他說，尋求別人協助的概念始於他的父母和學校朋友的父母，這為他向他視為楷模的人學習的機會奠定了基礎。現在，他專注於他所指導的年輕人——但他們也指導他。馬克－安德烈代表現在正在崛起的進步式導師制，即所謂的「反向導師制」（reverse mentoring）。他從聯合國的加拿大傳教會（Canadian Mission）那裡學到了這一點，這個傳教會充滿年輕人，他從他們身上學到很多[1]。

羅恩・法默也談到導師制在他曾任職的麥肯錫公司很重要，他們在那裡使用一套導師制的核心模式來推行領導人的持續發展。領導人實際上是根據他們指導其他人和接受別人指導的程度來評估的。導師制對羅恩來說是領導很自然的一部分，他認為，既指導又接受指導是所有領導人的義務。

發現盲點

導師通常可以協助發現領導人的盲點或潛在的優勢。我們愈來愈常看到執行長和其他人提供的證詞和背書，描述他們從導師那裡獲得的巨大好處。這些好處可能包括提高決策品質和增進績效等結果，也可能包括藉由重新檢討策略或計畫來避免代價高昂的錯誤。這些強而有力的背書破除了「別人」才需要導師的迷思。對於不尋求導師的教導或不藉由有意識和刻意的方式來學習的許多人來說，這種迷思的存在有很多原因，通常是來自於相信「別人」才需要改進的心態。

為什麼會抗拒導師？

遺憾的是，儘管已經比以前進步，後面這種信念仍然存在，而且不同於其他長期抱持的信念，這種信念給了我們虛假的信心。它也可能源自許多其他原因，包括過去的經驗。根據我的經驗，下述四個共同的主題可能使領導人看不到導師的價值。

有弱點的表徵？

事實上，領導人有時候擔心有導師會讓人感覺軟弱和無法勝任工作。這讓人想起一種（錯誤的）信念，認為好領導人意味能解決所有問題。這種不尋求幫助的習慣很常見。

不夠謙遜？

一些領導人缺乏謙遜或自我覺察是很典型的盲點之一，會產生只靠自己就已足夠的信念。這些領導人通常有優良的紀錄，很少失敗，而且堅信他們的領導方法可以恆久不變。這真可惜。

過去的經驗不好？

在與我密切合作的領導人中，我遇到過許多以前有過不好經驗的人。這通常是因為選錯導師或獲得的建議不夠好。這是常見的問題，反映出正如有些領導人會有缺陷，導師也會有缺陷。導師的挑選很重要，我們將在第二十二章進一步探究。

出於憤慨？

有時候會發生一種憤慨或自我中心的傾向導致阻礙的情況。令人慶幸的是，我們現在已較少看到對導師抱持這種心態了。

檢查你對獲得導師甚至第二個導師的想法，是每個領導人能做的最好的事情之一。你可以從今天就開始！它可能成為你職業生涯中的巨大突破，也可能對你正在努力克服的障礙大有幫助。可能發生的最糟情況會是什麼？你可能只學到一些「確認自己已經知道的事」——這不也是很令人放心嗎！

除了導師對有成就的領導人（和較低層級領導人）的重要故事外，想想幾年前不存在、但今日卻是領導人迫切需要的條件也同樣發人深省。抱持著以下心態的領導人並不少見：一旦我們成為一個好領導人並得到認可後，我們就沒事了。但這種心態會有一種危險，就是變得自滿，以至於忽視了不斷改變的環境和它對領導的影響。

領導人被期待提高領導的水準

不過，現實的情況是，領導人現在應該提高他們的水準。他們的想法愈來愈頻繁地受到挑戰、他們必須做出以前從未處理過的決定、人們期望他們應對並解決新的危機。他們對董事會的義務增加了，今日的董事會和所有理事機構都有強大的權力，而且有愈來愈多樣的意見需要被傾聽和尊重。

正如我的一位領導同事所表達的——其他人也以不同的方式呼應——高層領導人是很寂寞的！不斷出現自我懷疑和必須承受巨大壓力是很常見的情況。它們發生在許多領導人身上，因為他們從未為已經發生、並將繼續發生的事做好準備。一旦成為領導人，通往頂峰的道路就會變窄，可得和可行的選項也會變少。這是大不相同的情況，因此許多領導人很自然的會難以應對這種改變。這時候導師將派上用場，自我更新將成為一項標準！

每個人都需要導師！

第九章
高績效不等於高領導潛力

我們的領導儲備人才往往不足，而我們發現這種不足時總是為時已晚。

——蘿絲・巴頓（Rose M. Patten）

我們會面臨這種現實的原因有很多，其中許多與本書的前提相關——例如領導是動態的、領導很難、領導需要不斷更新一些關鍵要素、領導方法不是恆久不變的。不過，還有其他與我們的信念有關的重要因素，影響我們在這個非常時期根據最受人重視的領導能力，來決定「誰」是最好的領導人，和「什麼」是好領導人的潛在素質。

領導能力的成長

優秀的領導能力如何形成和成長？現在我們已經都知道，高績效者並不等於高領導潛力。但許多領導人的信念與這個事實不一致；他們的行為和習慣證明了這一點。直到最近幾年我們才開始更有系統地區分和辨識擔任領導人的潛力由哪些素質構成，以及如何檢視人才以便建立領導人的「儲備庫」。

人們已普遍接受領導人最重大的責任之一是「挑選和培養其他領導人」。這不只是挑選接班人，雖然這也是一個人們長期抱持的信念。然而取代領導人的候選人往往供不應求，或可能的候選人還沒有準備好，或者在做最終決定時只有一個候選人可供選擇。當然，許多領導人確實為自己有能力發現並引進人才感到自豪，但隨著組織面臨的挑戰和領導變得愈來愈複雜，領導人發現他們需要做得更好。依靠過去挑選領導人的觀念可能不會有好結果。尋找接班人選面臨困難或領導人才儲備短缺，就是這種現實的強力指標（正如第一章中提到、並有研究和意見支持的論點）。

選了錯誤的領導人——擱淺成本！

有關人才在重要職位上的安插不當（不只是不當的高階領導人更換）帶來的成本和影響的研究很多。達瑞爾・懷特談到把錯誤的人放在一個職位或賦予錯誤的職權的後果：「即使你嘗試矯正它，也會有很多擱淺成本（stranded costs）。被替換的人已經對許多其他人造成深遠的影響。在人事上犯錯會讓你陷於嚴重的兩難困境。迅速矯正錯誤可能看起來已經解決問題，但它會持續很長一段時間。」正如達瑞爾所說，這就是我們必須思考人才如何遇見策略的地方。重要的是，我們要始終記住我們希望特定領導人和團隊解決的問題是什麼。「換句話說，領導人的聘任和晉升必須是前瞻性的。這不能像是說：『哦，這裡有一個高績效的人，讓我們把他／她放進儲備庫或出缺的職位上。』相反的，我們該問的問題是：『哪些能力推動了高績效——它們是未來需要的績效嗎？』高績效不一定可以隨時移動或『隨插即用』。在目前職位表現很好的能力未必是下一個職位需要的。」達瑞爾清楚地提出一個已經在許多人才管理決策中得到證明的觀點：高績效是取決於情境的，不能假設高績效就代表有擔任領導等特定職位的高潛力。

發現潛力

我自己在尋找和辨識高潛力領導人上曾犯了一些錯誤，與我當時自認即將達成的目標對照，那些錯誤是一大挫折。那發生在我擔任蒙特婁銀行金融集團人力資源長的時候。蒙特婁銀行在高階人才管理作法上享有當之無愧的聲譽，特別是與培養人才和高潛力人才庫有關的作法，但我的故事證實了高績效並不自動等於高領導潛力。當時普遍抱持的假設是，我們應該設定目標把一〇％經過辨識的人確定為高潛力者。我和我團隊達成了這個目標，並自豪地相信我們正在充實和提升組織的人才儲備。每個部門的每位領導人都致力於確定他們的高潛力員工，我們總共達到的數字是五百人。

有瑕疵的評估

不過當我們的副總裁職位出缺時，問題發生了，人力資源主管來找我說：「我們目前還沒有明確的候選人來填補這個職位。這怎麼可能？我們有這樣一個人才庫，應該有幾個有領導潛力的人可以被提拔才對。正如達瑞爾指出的，新職位需要什麼人與那些被認為高潛力者的能力間存在很大的落差。問題是：（一）當初把他們納入人才庫的評估是否出錯；（二）

他們的領導訓練是否不足；或（三）辨識人才的經理人是否有認知上的偏誤。我們開始尋找答案，分析的結果是，第一，在重新校準五百位高潛力員工後，人數減少成三百五十人。我們發現人數會膨脹到五百人有幾個原因，其中一個是對在今日環境下領導潛力的要求定義不明確，第二個原因是過度強調當時的高績效，第三個則是評估者根據自己的形象來選擇候選人的光環效應。

做什麼的潛力？

這敲響了警鐘。它促使我走上了一條探索和研究具體標準的道路，以便用合理的確定性辨識和確認領導人的潛力。「高潛力」一詞雖然經常被使用，但它的定義並不一致，因此其結果並不完全可靠。它引發一個問題：做什麼的高潛力？由於現在構成有效領導人的能力已經改變，所以在挑選領導人的過程中要了解和考慮的東西也已經改變。時至今日我們已經取得了很大的進展，一些領導人發展的重要策略已經正式化和規定化。辨識和培養高潛力者的責任十分艱鉅，而且往往被低估。經過那次重要的學習經驗後，我在培養領導人上有了三個不同但相關的發現，我現在實際應用並建議其他領導人善用這些值得在這裡傳承的發現。

尋找第一名

高潛力是取決於環境的！正如高績效取決於環境，高潛力可能隨著時間推移而增進或降低，當然環境的改變也會導致對領導的要求改變。這應該不令人意外，它就好像領導能力不是恆久不變的一樣。「曾經是好領導人，就永遠是好領導人」的觀念是有問題的。假設的「高潛力者」的可悲之處在於，他們並不一定有機會變成有效（或無效）的領導者，因為研究顯示，他們原本就沒有、或不應該被納入人才儲備庫。

尋找第二名

高績效者並不一定等於高潛力。不幸的是，一直以來領導人在辨識高潛力候選人時很自然地就抱持著這種假設。這是蒙特婁銀行和許多其他組織普遍出現的情況，這再一次反映了達瑞爾提出的觀點。一般人的傾向是挑選表現最好或最聰明的員工，因為他們比較像評估者本身——這也被稱為以你的形象挑選。創意領導力中心的研究中有一些驚人現象證實了這個事實。在該中心檢查的人才庫中，有三個一致的結果：

- 三〇%的人真的有潛力出人頭地
- 四〇%的人不應該被納入新領導人儲備
- 三〇%的人在及格邊緣，但可以造就

尋找第三名

辨視誰是真正的高潛力者和非高潛力者很重要。真正高潛力者的價值被認為是非高潛力者的兩倍，成為未來領導人的可能性則為三倍。

領導人行為：經常被忽視

據觀察，被納入人才庫中的潛在領導人最常缺乏的能力可歸為四個類別：激勵他人、與他人交往（同理心）、授權他人，和啟發他人，這些都是今日領導效能的必要條件。對照之下，較經常被辨識出來的能力是技術能力、學習能力和積極主動性。這提醒我們必須更新過去對哪些領導人的能力很重要的假設，舊的信念必須加以揭穿。我們學到的是，在辨識領導潛力和管理人才以建立領導人才儲備庫上，最大的疏忽或弱點是——不令人意外的——具體的領導人行為和要求並沒有適當地編寫或制訂。這是舊信念阻礙成功的又一例子。

本章的主要目的是揭穿長期抱持的錯誤信念，包括：（一）高績效等於高潛力；和（二）領導人總是來自高績效人才庫。這兩種假設都有問題，未能仔細反思領導人在當前的環境、條件和挑戰下需要做什麼。這代表又一個例子說明領導人必須檢查他們現在的信念和作法，以邁向最符合今日文化和要求的領導人。

八大能力將有助於解決這個問題，協助讀者反思自己的心態，以及更重要的是反思領導能力是如何形成的，和哪些能力在今日最受重視。

圖 11　高績效不等於高潛力

第十章
領導方法的鐘擺已經轉移

接下來討論的問題

第一篇討論了為什麼領導方法正在改變和為什麼變得更加困難。我們看到這與許多人在領導生涯中經歷的「決定性時刻」有關，也與在這個日益動盪的時期對好領導的期望有關。我們從這些分析辨識出三個明確的外部遊戲規則改變，它們是領導方法為什麼改變和變得更難的原因。

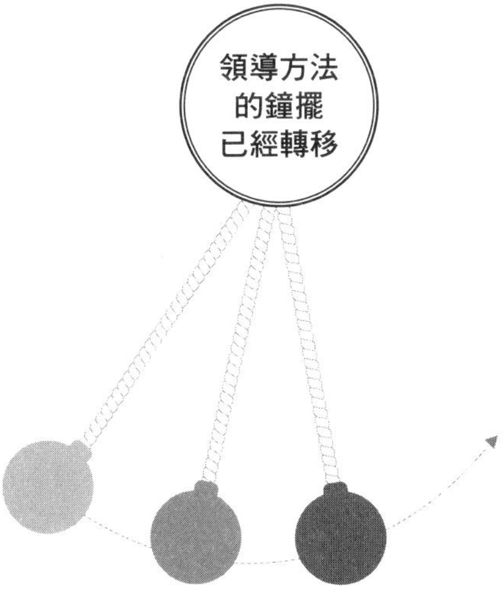

圖 12　領導方法的鐘擺

接下來第二篇將討論如何適應明確的遊戲規則改變，和在破壞和改變的時代如何跨越優良領導的障礙。這些障礙與內部條件有關，並受到領導人心態、長期信念和長期習慣的強烈影響。它們導致錯誤的信心，和會降低領導效力的靜態作法。

領導方法正在轉變嗎？

在這一點上，有兩個更大的問題需要我們注意。領導人必須採取哪些不同的作法，或者哪些要多做或少做，或根本不做？所有部門都更重視或未來會更重視和要求什麼？換句話說，領導方法是否在轉變？要回答這個問題，我們必須認識到沒有什麼是停滯不前的。正如我們稍早在第六章討論的，領導方法不是恆久不變的。它不會一成不變，也不會停止和開始。我把它比喻成鐘擺，會隨著條件的改變而移動到不同的地方。領導方法就是如此——一個過去、現在和不斷演進的連續體，受到我們生活內部和外部的條件影響，但也受到領導人自身心態、信念和價值觀的影響。

沒有永久的公式

完美的領導方法沒有永久的公式：沒有直線、沒有萬靈丹，它就只是不斷的學習、調整和自我更新。這意味領導必須是有意識的——超越純粹的本能或根據昨天的假設行事。它需要更多反思、更多傾聽、更多觀察和更開放的心態——所有這些都是由領導人的適應能力所驅動。本書的基礎就是領導的人性面受到與日俱增的重視。更好的領導始於和終於以人性為核心的動力，因此，我們需要特定的能力來專注於人的動力。但除非領導人有意識地採用和練習這些能力，否則無法學會這些能力。

領導來自多種形式的根源。是的，有很多人的職位和角色是正式的領導人。但簡單的事實是，每當人們發現自己（或出於選擇）參與行動或承擔責任並與他人連結和影響他們時，領導就發生了。好領導的目標是對他人的能量產生積極的影響並帶來更好的結果，這些例子包括：

- 協助他人了解情況，提供更清楚和有用的觀點。
- 鼓勵他人想像不同的方法以解決問題。

- 激勵他人加入並朝向成就邁進。
- 在他人心中建立信任和促進他們成長，以及表現出同理心。
- 鼓勵堅持難以做到的行為。
- 扮演個人的楷模。

考慮到大多數人都以某種方式走在這條道路上（不只是那些有頭銜或高收入的人），每個人都在實踐某種形式的領導。從我聽過的數百則個人的故事來看，我堅信領導存在於大多數人的職涯裡。因此，更好的領導是所有人追求和渴望的目標，需要好領導的不只是少數人或那些正要成為領導人的人。

有意識的領導使轉變成為可能

由於我們正處於鐘擺的轉移中，成功的領導者將必須知道該停止做什麼，和應該多做什麼或以不同的方法做什麼。這就是以有意識和刻意建立的習慣來領導的本質。正如亞里斯多德（Aristotle）說的：「卓越不只是一種行動，而是一種習慣！我們選擇重複做的事。」

有意識意味從一種不加思索和本能的行為，改變成停下來反思要完成的重要事情，並以不同的方式與他人互動。這讓我們想起達瑞爾‧懷特的意識地圖，他刻意地擁抱這幅地圖，並不斷應用在不同的領導上。事實上，他相信如果沒有它就會失敗，沒有這種意識的領導人可能會脫軌。光靠本能還不夠！提夫‧馬克林也在我們有關危機處理的談話中，呼應從通常由命令或指令式的方法驅動的本能行為，轉變為更開放和有意識的方法。「領導人必須準備好應對意想不到的危機和風險。它們可能從許多方面發生，並由一系列的人為和技術因素促成。在今日的領導下，對危機做出反應是一種有價值的經驗；它可以發展出一套全新的『肌肉』來應對和克服。投資在應急計畫很重要。不過，當危機真的來臨時，它不會如你計畫的那樣。你需要開放的心態，準備好拋棄肌肉記憶和過去的舊模式。」

有意識和不那麼本能的鐘擺轉變還伴隨著一個警鐘——也就是發現領導人並不知道所有答案！一個長期抱持但錯誤的信念是，一旦你被指派擔任領導人，你就應該知道所有答案。正如我所發現的，這種信念和領導方式有很多缺點。領導人可能因為這種知道所有答案的信念而筋疲力盡，這種信念也會阻礙其他人的成長和學習。此外，這種信念因為不符合我們員工的期望而製造出不滿和沮喪，因為員工希望更多的參與、更多的諮詢和更多的授權。

分散式領導

身為領導人的我從這種必須知道所有答案的心態，進步到實行（現在已眾所周知的）分散式領導方法。換句話說，我透過更多包容、更多協作、更多諮詢——並因而提升其他人的能力——來領導。我的新思維很大程度上歸功於我在多倫多大學擔任管理委員會主席期間。那裡的標準作法是認真而廣泛的諮詢，獲得對所有重要決定的意見。這段經歷不但帶給我很多新概念，而且讓我發現「多重投入」的力量。擁有這種投入是決策的黃金標準——正如我們將看到的，特別是在與挑選領導人有關的決策上。

包容、協作和諮詢是邁向分散式領導的途徑。

溝通至關重要

瑪莉・喬・哈達德對決策和與他人溝通的鐘擺轉移有許多洞見和個人故事。「溝通至關重要。這是你展示透明度的工具——不只是溝通你的決定是什麼，更重要的是為什麼。」這就是為什麼她要如此深入和積極進行溝通、遠超出組織目標的原因。在她擔任執行長時，她注意到愈來愈多人出現在她的簡報會上。她確信這是因為她會解釋為什麼組織的領導階層選擇做某些事的理由。「當執行長在『店面』以接近員工並以包容的方式溝通和解釋原因時，就會產生連鎖反應，然後下一級的領導人也會開始做同樣的事情。你可以藉以展示你如何領導和訴求於員工的理性和感性。人們會尊敬這種作法。」

結果就是與他人建立良好的連結

從命令和控制轉向連結和協作必須運用多重的方法，使領導人得以透過組織階層或超越組織階層——視情況需要——進行垂直和水平的連結。連結的概念現在已變得更多樣和情境化。麥爾坎・葛拉威爾（Malcolm Gladwell）在他的《引爆趨勢》（*The Tipping Point*）一書中把連結者描述為「具有結交朋友和熟識者的特殊天分的人」[1]。這個聰明的見解已廣泛流傳，它的演進現在包含發揮連結的力量及其積極的影響力，到遠超出友誼和魅力的範圍。把更好的領導和善用他人可自由決定投入的精力納入它的定義，已得到廣泛的認可，並愈來愈引起共鳴。連結及其力量的啟發性例證可以在莎莉・霍高（Sally Horchow）寫的《來自頂尖連結者的十個改變生活的祕訣》（*10 Life-Changing Tips from Top Connectors*）找到[2]。這是連結可以賦予領導人力量和激發自己和他人展現潛能的眾多例子之一。

品格愈來愈重要

我們還看到，人們期望領導人應該怎麼做和領導人代表什麼的鐘擺正在轉變。簡而言之：他們的品格。人們關注品格的程度——超過經驗、專長，甚至過去的成功紀錄——受到未曾見過的重視。人們愈來愈常談論品格的話題而不再保持沉默，尤其是在經歷十年前的金融危機後更是如此。利害關係人期望的提高意味不管領導人的整體資歷如何，都不再假設品格不是問題。相反的，現在它是領導人價值和存續的重要因素。

珍妮絲・葛洛斯・史坦描述不管在危機或正常時期的品格和可信度說：「品格並非一直是完美或不會改變的，它可以在危機中更明顯地發展。品格、信任和正直有很多面向，但缺少它，領導人就無法成功。」此外，品格和正直也在危機中展現出來。「十多年前的全球金融危機和今天的新冠疫情是兩場真正的危機，它們對領導能力的最大考驗之一是領導人必須提出行動方針，同時知道這些行動要到以後才能證明是否成功。危機真的會改變領導方法嗎？有一些證據顯示它確實會。例如，從全球金融危機中，人們認識到品格和正確對待他人確實很重要。」她的觀點說明了從沉默到明確強調品格在領導期望中重要性的轉變，假設品格不成問題已經不夠。

八大能力的具體化

下面描繪的鐘擺顯示了從領導人傳統上重視和接受的東西，轉變到今日對領導人期望和強調特質的轉變。它顯示出有意識的領導不但重要，而且不可或缺。它提出現在需要什麼能力來順應這種領導方法鐘擺的改變。八大能力透過了解鐘擺轉移回答了這個問題，它們更具體地解釋了在我們不斷變化的世界中如何做好領導的要素——不只是為了今日，也

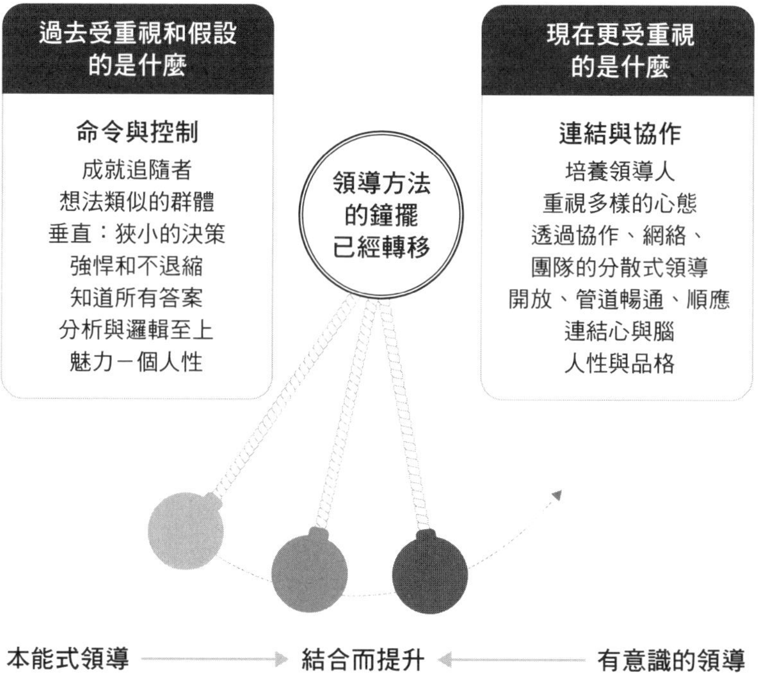

圖 13　領導方法的鐘擺已經轉移

是為了明天。

第一篇的結尾描述了明確的遊戲規則改變——利害關係人的期望升高、勞動力和職場發生巨大變化，以及短命的策略和數位化主導地位。第二篇結尾在這些改變上再增添長期抱持的信念和迷思——領導人的思維、信念、行動和影響他人的方式。第一篇和第二篇共同推動了鐘擺的轉移和認識八種主要能力。這些是領導人需要考慮和適應的新現實，它們展現出領導人有資格承擔重責大任的價值。領導人適應新現實的能力使領導人與眾不同，他們必須有意識地以新定義的能力領導。接下來，讓我們探究八大能力到底是什麼。

一種以人的動力為核心的新模式正在成形，並將透過有意識的領導和八大能力來實現。

第三篇

八大能力的具體化——使領導人與眾不同

第十一章 八大能力如何應用在領導人的職責

從二〇一〇年起，羅特曼管理學院和蒙特婁銀行主管領導課程花了二十五堂課（每次持續一週），針對八大能力如何應用在領導人的職責進行討論、辯論和達成共識。八大能力的每一種都在課堂上被當成案例研究，並確認了許多細節。每種能力都經過詳細分析和測試，提出用於改進領導有效性的明確證據，而且一如既往地特別強調人的面向。

從「命令和控制」到「連結和協作」

正如在鐘擺轉移的討論（第十章）所顯示，八大主要能力認定，連結和協

領導的人性面向正逐漸提升。

作的人性動力驅使領導人脫離透過命令和控制來領導的傳統傾向，開始轉向以連結和協作來領導。這種領導方式的面向遠比以往多重。想善用可自由投入的精力——同時分享權力並因而贏得信任——需要了解與他人建立好連結的細微差別。它需要多樣的能力，像是我們所確立的八大能力。沒有它們，就不可能辦到。這是確定的。

不同形式的溝通、更親身參與團隊的活動，更強的建立關係和激勵的能力，不是靠職位的權力，而是透過激勵和親身領導的個人力量——所有這些對比都已描繪在第十章的鐘擺轉移。領導人仰賴個人的自我覺察水準，受它的引導，而這種自我覺察是從自我反思和他人的回饋中所獲得。這使他們能夠採取深思熟慮、有意識的行動來檢查和調整他們的心態。沒有其他人能為領導人做這些事。

因此，我們都已經知道，對領導的這種人性面向的需求正與日俱增，並使領導人必須與眾不同。這些能力都已經由透過本書中諸位訴說自己故事的領導人，以及許多參與書中的教學、諮詢和研究的領導人清楚地表述，他們全都以許多種方法進行自我更新。自我更新和發展他人的義務現在已被視為做好領導的最低要求，而反思和自我覺察是這種行動的關鍵支柱。一個有價值的領導人的核心是關心你對他人的影響，以及確保這種影響是正面影響的決心。發揮積極影響力需要一種專注和致力於養成同理心、個人價值觀以及品格和信任的心態，這些心態讓領導人能夠以同時訴諸感性和理性的方式溝通。它們來自有意識的領導，並且將萬無一失地帶來更大的成功。它們與八大能力並列，增添了一種「連結和協作」的領導方式，而且對即使是成功的領導人來說也是最具挑戰性的調整之一。

八大能力

十年來的研究、觀察和實踐——加上與各地多樣化類型領導人的實際接觸——是八大能力和有意識領導的理念基礎。在接下來的章節中，我們將解釋八大能力如何用來因應明確的遊戲規則改變和長期抱持的信念、迷思和習慣；為什麼每一項能力符合成為八大能力之一的標準；以及各項能力反映出領導人以不同方式思考舊假設的細微差別。即使你可能熟悉其中某一項能力，但對其反思一下仍然很重要。在這裡有必要再提醒：八大能力不是萬靈丹，它並未涵蓋領導人應該具備的所有能力。八大能力只是為想變得更有效、想在領導上更平衡的領導人提供解決方案。

領導人要完成工作並取得良好的整體績效，取決於必要的技術、策略和財務專業知識。

多年來這些條件都得到商學院和企業內部培訓計畫的持續關注。八大能力中有許多項可能被一些人視為軟技能，它們仍是今日領導人追求的技能。八大能力也承認領導人應具備較橫向的觀點，而它們往往是領導人較缺乏的，或在較垂直式心態下未善用的能力。對於必須跨單位橫向領導（並因而無法完全控制和授權所有相關活動）的領導人來說，他們將不得不依靠自己微調的人際技巧，以及在不斷改變的勞動力中日益複雜的人際能力。

垂直式和橫向式領導

對更廣泛、更平衡的領導能力的認識，最早出現在一九九〇年代一個稱為「T」型領導的概念，它的興起主要是為填補跨單位領導需求的缺口。這種 T 型領導概念嘗試解決利用整體組織優勢的橫向和更廣泛的跨單位問題。透過影響力、加強協作、跨集團和團隊的包容性——這些都已開始成形。它們包括不同形式的溝通、與人建立更多連結，以及提升交流和激勵的能力——通常不使用職位的力量，但透過「個人」力量和個人領導與其他人連結。焦點開始轉向更具包容性的領導方法，而這反過來凸顯人際技能（或軟技能）的大幅提升，用以增益有效領導所需要的偏向於科技、財務、策略和技術面的專長。

儘管這種人際技能需求已經興起一段時間，但領導人對它們的接受度卻進展緩慢。不過，第七章揭露了這種「軟」技能會隨著時間而改進的迷思。八大能力挑選出實現人際技能和更有效且平衡的領導方法的確切能力，每個領導人都必須納入——並很有意識地實踐——這種更

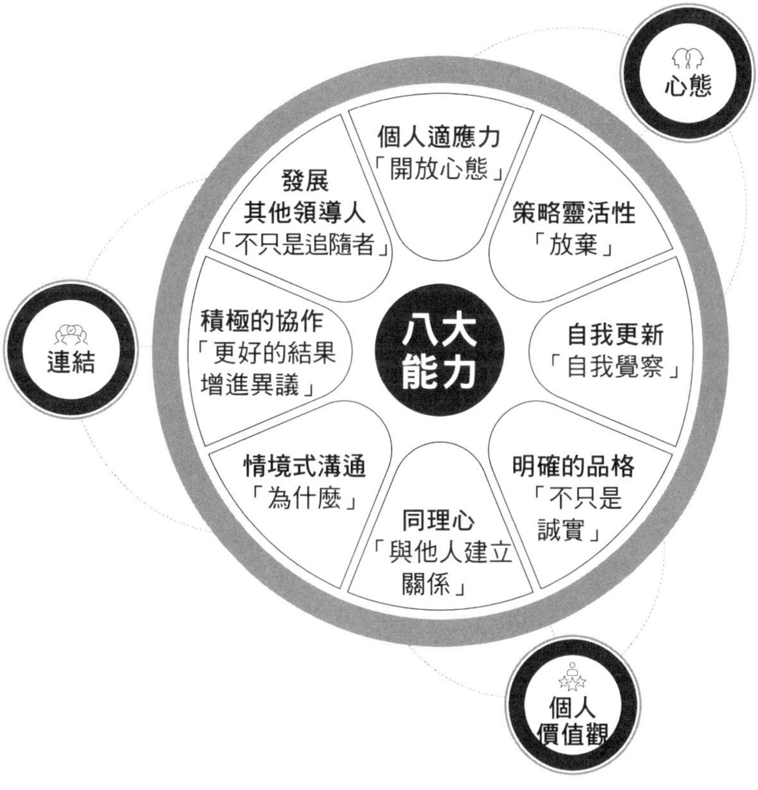

圖 14　八大能力及其三個集群

強調八大能力的方法，以成為更好的領導人。

在接下來的幾章中，我將單獨和整體地詳細描述八大能力。八大能力中的每一項將被分開來當作在需要時予以強化的個別能力，有許多能力是重疊、交織的，而且可以結合在一起。這就解釋了「為什麼」這八種能力被選中並分組為代表今日這個非常時期最重要的人際技能。

八大能力形成三個群組，用以建構可能相輔相成的能力，以及那些最以人為本的領導方法的核心能力。

第十二章　八大能力之一：個人適應力

一切始於心態

成功領導人經常被問到的一個問題是：「如果你能歸結領導人最核心的一項技能，那會是什麼？這是一個很難回答但很好的問題。領導人希望向其他領導人學習，而每個領導人都應該能從自己的情況歸結一項、兩項甚至三項最重要的技能。我現在會問許多領導人這個問題，而我自己也經常被問到這個問題。

你的答案是什麼？

其他領導人的觀點可以在本書第一篇和第二篇中他們講述的故事中找到，在接下來的章節中還會有更多內容。每個接受採訪的領導人都很明確地提到個人適應力，而幾十年來，我對這個問題的回答也一直都一樣：個人適應力。我認為這是我自己成功的核心原因。不管出現什麼需要技能的情況，這是我在與他人互動時有意識地觀察到的第一種技能。我的立場是什麼？我有開放的心態嗎？我有適應力嗎？

對我來說，適應力比八大能力的其他一些能力要容易些。這在我的職涯過程從很早期開始就是必要的，因為我領導過許多部門，這些部門有多樣的文化，它們位於不同的地理區，包括本地、國內和外國。我強烈認為，如果我沒有開發並不斷完善這種個人適應力，便不可能有如此多樣化和成功的領導職涯。無論是銀行、學術界、醫療、公共政策、藝術等領域，高階管理職位都涉及複雜的領導。適應每個角色都很困難，但都很必要。適應力非常需要有意識的去練習——光靠本能還不夠。

檢查自己的立場

提夫・馬克林談到「始終要檢查自己立場」的技巧——依靠一組全新的肌肉來應對你面前的挑戰。「在處理任何危機或新情況時，解決方案都不是預先寫好的，它們不是來自金句大全，它們本來就有很多潛在風險，但你不能坐以待斃或依賴過去有效的舊假設。是的，你可以從舊假設得到知識，但保持開放和有適應力使你能夠對意料之外、不熟悉的事做出反應。」

心態很重要

要開始或繼續努力提高適應力，得從預先檢查心態開始。作為領導人的你有自己的心態和信念，並因此獲得你的行動和決策的結果。最好不要等情況來面對你，現在就是預先檢查的時刻。每個領導人都可以變得有意識和深思熟慮，而不是完全憑藉本能行動或等事到當頭才行動。在與瑪莉・喬・哈達德的談話中，她談到個人適應力和組織的靈活性對執行長十分重要。「它來自在危機中看到機會、務實地認知必須做什麼事，並隨著情況需要而適應。在領導像醫院這種大型公共組織時，你無法控制服務的需求，也沒有資源來支持未來的創新。領導人必須具有適應力、創造力和開放的思想。」

對瑪麗．安妮．錢伯斯來說，適應力、開放思想和更新是重疊的，一個導致另一個。開放的思想使適應力得以發生；有了適應力，更新就可能辦到。她談到了她在跨部門工作時擁有個人適應力的「優勢」，它確保她一直保有開放的思想以了解和適應政策、文化和其他人的想法。當被問及這種適應力從何而來時，瑪麗．安妮回答：「它來自作為一個終身學習者，尤其是在與人和不公正有關的問題上。我父母是牙買加人，我在一個傳統的家庭長大。我看待生活和其他人的方式受到對人深刻的好奇心所啟發——這是我天性的一部分，而我的父母能以各種方式支持我。我的母親雖然很聰明，但缺乏正規教育。我從小就意識到教育是自己未來的關鍵。」在被問及為什麼她當年還是年幼兒子的母親並在豐業銀行（Scotiabank）工作時會去讀大學夜校課程，她回答說：「我不希望沒有學位成為職涯上的障礙。我的工作會出現各種可能性，我希望有正式的資格以便能夠把握任何機會。」

如何提高適應力

我們來到一個核心問題，就是個別領導人能不能以新面向或不同面向來看待問題。這個領導人能不能以開放的心態應對陌生的情況？他或她能否傾聽、學習、增添價值，即使不同意也能保持開放？個人適應力需要幾種信念、習慣和意圖。

要做到這些並不容易。領導是困難的事，但這就是對領導人的要求，這就是適應和保持適應所要做的事。它們是好領導的要素，而且是今日想更上層樓的領導人全力以赴的目標。

在課堂上與高階領導人的討論以及對適應力的要素做的其他測試，還觸及其他的爭論點。一個值得關注的問題是，人們如何調和適應能力與真誠。討論專注於適應能力和真誠攜手並進的信念，人們期望領導人兼具這兩種素質。真誠不是靜態、一成不變的，也不是堅持做最輕鬆的事的藉口。優秀的領導人會結合兩者，並因而贏得信任。沒有開放的心態，真誠就難以保持；開放的思想如果缺少真誠也無法開花結果。優秀的領導人把適應能力視為真正持續學習的形式，也是擁抱改變的手段。

第二個常見的關注點聚焦在如何從過去被重視和熟悉的「堅強而不退縮的領導人」，轉變成適應而開放的領導人，因為他們知道自己並非無所不知，而且對犯錯的可能性抱持開放態度，或至少願意承認自己沒有足夠的知識或技術。謙遜、以及缺乏謙遜，讓我們看到當領導人位階漸高並擔任有權力的職位和獲

堅強而不退縮的領導人可以適應。

得成功時，他們很容易失去遠見，陷於自認不會失敗、無價、甚至是不會出錯的陷阱。那麼，努力適應的動機是什麼？動機在於想做好領導，發揮積極的影響力，無愧於領導的職權，和避免變成無足輕重或失敗。

第三個關注點與領導人做出改變時經常發生的挫折和錯誤有關。這不只牽涉到自尊和丟臉，而且牽涉在面對無情的要求和時間愈來愈不夠用，以及日增的多重工作所升高的壓力。現在這已被稱為主管注意力不足症候群（EADS）。我們在課堂討論過如何培養對抗EADS的韌性，並建立另外一套強力推薦的知識系統。它歸結到人們預期的領導人角色，以及領導人為了堅持不懈、達到成功和與眾不同所需要的心理韌性。正如我們將看到的，它牽涉到改變所需要的的勇氣和毅力。

如何才能更有適應力

要求	行動－行為
• 開放相對於封閉的心態 • 擁抱破壞 • 面對陌生的領域 • 處理挫敗 • 因應無情的需求	• 接受多樣的觀點 • 放棄舒適區 • 精力、樂觀、心智的強悍 • 強力的韌性行動
具有韌性	

第十三章　八大能力之二：策略靈活性

一切始於心態

八大能力要求具備開放的心態，使領導人在抓住策略機會時更加靈活，這意味放棄過去策略情況中舒適而熟悉的原則。對一些人來說，這可能比個人適應日常的挑戰更困難。而在今日風險和不確定性更大的環境下，這種能力的重要性還更加凸顯。

策略是短命的

數位化的興起使策略靈活性成為領導人面對的明確遊戲規則改變之一，靈活性對策略成功的重要性也因此更加明顯和無法逃避。所有人都可看出缺少靈活性的公司是脆弱的，其策略也已經過時，沒有領導人能倖免於這種下場。策略是短命的，但新策略和創新的策略卻很難擬訂，即使對那些很快發現這一點並採取行動的人來說也是如此，決策者不夠靈活且思考緩慢的公司很快就會被淘汰。這種不可預測性是許多領導人現在陷於困境的根本原因。

領導人在本書的談話和透過其他形式的投入中，都未經提示地主動提出策略靈活性的重要性。達瑞爾・懷特是其中之一，他極度重視個人的適應力和策略領導的靈活性。他描述在自己的職涯過程中領導人的角色歷經的演變：

領導能力就是如何安然度過動盪和直接面對它。在我三十年的職業生涯中，過去的二十年我一直擔任領導職位，而且危機和動盪未曾間斷過。我的領導期始於九一一事件；接著是二〇〇七到二〇〇九年的三年期間全球金融體系的分崩離析；現在則是新冠疫情。比起第二次世界大戰結束後的五十五年發生的危機，它們都相對較輕微。由於主要的金融和社會結構已普遍建立，那是一個繁榮和更可預測的時代，也是較早世代制定組織方向和管理人員的楷模。然而在過去的二十年裡，領導人沒有這麼幸運。今日更重要的是靈活性，以及如何對風險有更深入的了解、可以從哪裡發現風險，以及如果風險成為現實時會發生什麼事。二十五年前，銀行業的風險模型並不存在。後來這些模型逐漸興起，幾乎與數位技術的進步同時出現，而且對今日在不斷發生破壞和改變的環境下運作的領導人極其重要。

個人適應力可以提高策略靈活性

一個常見的問題是，一位個人適應力良好並對日常個人問題保持開放態度的領導人，是否也能隨時展現策略靈活性。像所有八大能力一樣，這兩種重要的能力——適應力和策略靈活性——可以輕易結合起來並且互相強化，而非重複或相互排斥。兩者都要求有開放的心態作為支持，而且領導人需要同時具備這兩種能力。具備兩者各自需要面對不同的挑戰。要駕馭破壞並做出迅速、明智、有競爭力的策略選擇，需要相當程度的靈活性、批判性思維和前瞻的視角，並超越個人適應力以接受更垂直或狹隘情況下的差異。

我與梅里克．格特勒的對話顯示出他的團隊在新冠疫情期間如何利用策略靈活性，但個人適應力卻是使它得以實現的因素：

如果說新冠疫情有一線希望，那就是適應力的重要性。疫情迫使我們適應帶來了讓我們獲益良多的經驗。我們必須馬上回答：我們應付得了嗎？我們夠靈活和有彈性嗎？我們是否有必要的奉獻精神、決心和創造力來適應、生存和成功？答案是肯定的。我們現在有確鑿的證據。

大學生活的其他領域也需要靈活性和適應力，例如全球參與。我們的學生如何獲得全球經驗？我們如何在國際上連結我們的研究？我們已經學會不能像以前那樣做事，現在一切都必須遠端完成。因此我們創立了「全球課堂」以便與他人合作教學，並讓學生跨境協作。這令人大開眼界。這類參與的原型是在新冠疫情前開發的，但尚未經過測試。今日我們已在整個大學提出其中七十五個設置的建議，並獲得人們的接受。我們的研究夥伴關係也是如此。與預期的相反，這種參與正在增加而非減少，不斷有新的夥伴關係和新的人加入。當然會有一些問題，人們是否信任這些新互動形式？你能透過這種模式建立持久的關係嗎？不確定，但這意味我們已是更靈活的機構。

動態相對於靜態：市場相對於專屬

策略和數位化現在都講求動態，任何靜態思維的概念都將消亡。這類故事證明策略愈來愈依賴願景、市場知識和批判性思維，以及對靈活行為的心態和開放態度。純粹的智商和過去的成功經驗是不夠的。策略現在也不再是組織專屬的，而是以市場為基礎，策略的數位性質不會等待無法在急迫中掌握靈活性的領導人。

在我有三十位領導人的課堂裡，最常見的問題集中在策略靈活性上。他們問，為什麼在過去受疫情影響的兩年中數位化加快腳步和策略更新不斷前進，而領導人卻步伐落後，不能擁抱這種能力？這是缺乏靈活性嗎？緩慢的步伐似乎是成功的最大障礙。這要歸因於領導人的心態，特別是他們如何適應這樣一個現實，即無論策略在過去多麼成功，策略都有保鮮期。此外，市場不會等待：快速、靈活的行動是必要的條件。因此領導人必須「看到轉角處」，預期未來會發生什麼事，並為意外情況做好準備。

領導人的謹慎態度在某種程度上是可以理解的，特別是考慮到推進策略的困難，同時還要降低團隊和所有利害關係人所經歷的不確定性和不穩定性時更是如此。管理每日、每月和每季與長期行動之間的緊張充滿了挑戰。然而，這種日益惡劣的環境並不會消失。領導人需要策略靈活性，而這得從個人適應力開始，並搭配批判性思維。

預期風險

提夫・馬克林從他的洞見談到「看到未來」的策略靈活性，以及預期風險：

全球金融危機和之前的大蕭條，都顯示艱困時期的決策所引發的連鎖反應；它們可能無意中觸發意料不到或完全無法預期的結果。全球金融危機引發歐洲的主權債務危機，並助長許多西方國家的民粹主義抬頭。這就是為什麼今日的領導人必須思考明天的問題會是什麼，你必須提前應對危機才能阻止它們。

珍妮絲・葛洛斯・史坦進一步對短期主義和風險訊號提出見解：

風險是策略靈活性的重要成分。未雨綢繆意味你無法完全預知未來，不管你採取什麼策略，都不可避免地會有風險。正如我多年前從一位標準石油執行長那裡學到的，領導人面臨的挑戰是提前二到三年思考，而非只為今日著想。對大多數人來說，提前五年思考幾乎是不可能的。例如，二〇一八年時有誰能預料到我們會碰上全球性的疫情？

珍妮絲還把策略靈活性與在其他人陷於困境時如何解決問題連結在一起：

衛生部門的一位資深執行長遇到一個制度問題：醫院的「跌倒統計」率很高。一些董事會成員提議成立一個來自各級員工的包容性小組，包括清潔人員和維護人員，以嘗試解決這個問題。小組被問到：如果你想讓跌倒率升到最高，你會怎麼做？一位清潔人員說，她會在上午九點鐘洗地板，因為當時所有醫務人員都在巡房。在不到三十分鐘裡，有十幾個區域找到了解決方案。把人們從他們受限的框架移開，當他們從外頭往裡面看時，就能看到解決方案。

個人適應力和策略靈活性都依賴有開放心態的領導人。當許多人相信一套策略，而且不必靠個人適應力就能輕易影響其他人時，策略靈活性有時候就較不成問題。

如何才能更有策略靈活性

需求	行動－行為
• 詮釋趨勢 • 對市場性的認知 • 動態相對於靜態的決策 • 避免不行動 • 被鎖在熟悉的框架裡	• 放棄唯驗證為真的信念 • 三種心態組合： ■ 隨時評估 ■ 勇敢地調整 ■ 迫切地採取行動

第十四章
八大能力之三：自我更新

一切始於心態

本書的整個主題與領導人擁抱持續性的學習有關，這從第一篇和第二篇較早的章節就開始提到，並且說明為什麼需要這樣做。在八大能力的實踐中，自我更新明顯地是在當前非常時期領導的關鍵能力。

自我更新根植於領導人自己的意願，沒有其他人可以置喙。就像個人適應力和策略靈活性一樣，它只能出於領導人自己的意願，並只能由領導人自己執行。因此，讓自我更新成為可能的就是領導人的心態。如果領導人有固化或封閉的心態，這三種能力就可能難以達到標準，而且將無法純熟應用。正如拉爾夫·納德（Ralph Nader）曾說：「沒有什麼比一個不學習的老師更糟糕。」

抓住學習的機會

領導方法不是恆久不變的，這就是現實。協助領導人達到今日成就的環境不斷改變，因此，如果想成為有價值和有效的領導人，跟上並保持影響力是不可或缺的條件。幸運的是，我們確實看到了領導人主動或抓住機會來更新技能和增進知識的證據，因為他們願意改變心態，願意變得更開放和擁抱新環境。這一點已被個人觀察和大學投入發展高階領導人（而不只是中階管理人員）的組織得到證實。在本書各章節分享的故事中，這些成就卓著的領導人更進一步提供了證據。這些領導人熱情洋溢地談論他們自己持續進行的學習、他們職涯的轉捩點，以及他們發現必須以不同方式做事才能不斷適應和更新的全新體悟。

更新是一段旅程

那麼，你可能會問，如果許多領導人已經致力於自我更新，為什麼自我更新值得在八大能力中佔有一席之地？很好的問題。這是因為我們需要更多的自我更新！我們需要每一位領導人，包括最有成就的人來為我們示範，特別是那些最有成就的人，因為他們是楷模、因為他們對他人的影響既深且遠。新崛起的領導人必須把這視為常態；它是領導人價值的標準。回想一下達瑞爾・懷特對於讓差勁、不開明或不適任的人領導引發的連鎖反應的擔憂。

在許多董事會的第一手討論中，當領導潛力和接班是主要話題時，我經常聽到「要是……就好了」這類話。「要是有人早點告訴這個領導人就好了」或者「要是她努力調整自己的思想或行為，甚至提升自己的技能和知識就好了」。如果這些期許太晚發生，使候選人缺乏能力而失去潛在的晉升機會時，那就太可惜了。看到這種未實現的潛力和失去夢想成真的機會，激發了我著手研究如何改變這種情況的動機。

更多自我覺察是關鍵

領導人需要克服的最大障礙，是他們的自我覺察的水準低下。即使是最有成就和最成功的領導人，這也是他們最常見的盲點之一。有時候我很想知道加強自我覺察能讓領導人變得多成功，自我覺察是八大能力中每一種能力的要素之一，對那些擁抱它的人來說，它是有效自我更新的促進劑。對持續學習的普遍或特定的（本能的）假設已是過去的思維，回饋、導師、以開放的心態接受教導則是現在自我更新行動的標準，所有這些都是有意識的領導的一部分，遠超出本能的範圍。

那麼領導人如何變得更有自我覺察能力呢？答案始於領導人對周遭的人產生的影響（正面或負面的）。為了產生較大的正面影響，領導人該怎麼調整？領導人如何在各種情況下與他人連結和溝通？令人驚訝的是，即使是最聰明的領導人也對自己的真正影響力一無所知。提夫．馬克林述說他自己如何學習發現領導人與其他人（特別是他們的團隊）建立關係的弱點：

自我覺察也可以出現在決定性時刻，其中一個時刻來自我擔任加拿大中央銀行資深副總裁參加董事會會議時的作法。這些會議總是很有組織、很程序導向，也很注意議程。我總是覺得我出席會議是為了回答問題、提出解決方案——我無所不知——並讓董事會批准管理階層的建議。然後一位資深董事把我拉到一邊，建議我需要改變對董事會會議的態度。我不應該把會議視為只與獲得批准有關，相反的，我應該把會議視為機會，以便從那些經驗豐富的董事會成員身上獲益，因為他們都希望我成功同時組織也能成功——這兩者是同一件事。這些人都在為你工作。我開竅了。從此以後，我才真正參與了我所經營組織的董事會，包括設置了諮詢委員會以善用未被發掘的善意和經驗寶庫。建立一道圍著單一焦點的保護牆，可能會使你忽略身邊的豐富資源。如果你打開眼睛和心智的話，有時候最安全的地方就在你眼前。

提夫的故事強調開放心態——也就是說，保有改善連結方法的心態。這意味改變較尋常的問答方法，以獲得採用一種開放、傾聽、協商和包容性的方法。這使他獲得原本可能無法獲得的學習寶庫。

知道你的盲點

為了說明自我覺察以及知道自己盲點的重要性，珍妮絲・葛洛斯・史坦描述她個人對規則的看法：

自我覺察和對自己缺點的認知很重要。我承認我一直覺得遵守規則太慢、太約束了；相反的，我往往能看到繞過規則的方法。這既是優點，也是缺點，因為它有風險，那些勇於行動的人會自動承擔風險。當然，冒太大風險會摧毀人們對你正在做的事、你的團隊、你的計畫的信心。那麼，你是站在這個優點－缺點連續體的哪個點上？你如何取得平衡？對我來說，方法在於找出最知道規避風險和最遵守規則的人。把這個人放在副手的位置，那個人的工作就是告訴我，我正在把整個企業都置於險境中，以及我應該做什麼來減輕我正在製造的風險。這就是我如何利用自我覺察來管理我的「缺點」。

珍妮絲故事中最難的點是領導人如何運用他人的優點，承認沒有領導人知道所有答案，也不是所有領導人都必須具備同等的所有能力。像珍妮絲這樣成功的領導人能自我覺察，他們了解自己的盲點，並以這種自我覺察建立一個團隊。透過這種方式，他們不但增強自己的用處和領導能力，而且還為團隊提供了楷模。經常犯的錯誤是每當有領導人不知道盲點所在，或者更糟的是知道自己的盲點或缺點而無所作為。當這種情況發生時，領導人、組織和團隊都將受到影響。

自我形象不是自我覺察

自我覺察與自我形象不同。自我覺察是透過客觀、坦率和有益的回饋創造的。這就是為什麼它對做調整很有幫助，也是在獲得晉升或接受新任務時很有用的原因。它牽涉的是「知道你原本不知道的事」。這在新領導人中總是受到關注，尤其是當他們擴大和繼承新的或更大的團隊、並獲得更大領導責任時。梅里克・格特勒從他個人經歷的角度詳述了這一點：

當我出任多倫多大學文理學院院長時，我面對的領導期望比起過去的經驗在範圍和規模上是躍升了一大級——我有三萬名學生、一千名教職員工以及行政和維護人員。在這個學術環境中我面臨一個熟悉的問題：你如何讓人們做你希望讓他們做的事？你如何組織團隊，以便我們都有集體的影響力並專注於目標？這需要大量的修正和調整。這所大學的組織已超出了院長辦公室管理它的能力，學術機構領導階層的期望是要有一個願景，並有策略和計畫的支持。但只是口述一個計畫，把它交給人，並期望他們聽從你的命令是不現實的。我開始著迷於讓人們認為你的想法就是他們的想法並獲得支持的這項挑戰。當然，成功不會馬上到來，錯誤在所難免。在真空中制訂的聰明計畫在實施時經常一敗塗地，事後看來這樣的結果是完全可以預見的。我在工作中學習，我意識到自己必須放慢腳步，往後退一步，以更有意義的方式與整個教職團隊的關鍵人員交流。藉由更仔細傾聽並努力與頑固的教職員找到共同點，我最終能夠說服他們加入支援這個計畫。

梅里克的故事並不少見。我們經常聽到總裁、執行長和高階領導人感歎：「要是我早點學會這些就好了，我在想導師或值得信賴的人在過程中提供的意見會不會有所幫助。」當然，我們知道導師是有幫助的，可以讓通往領導的道路不那麼壓力沉重，人在高處是寂寞的。向他人學習確實有幫助，正如我個人在我錯誤地假設自己應該知道所有答案時的發現（如第十章所述）。導師可以幫助你了解到這種錯誤的假設，並使你的過程不那麼困難——進而減少不必要的壓力。伴隨而來的還有自我覺察、有意識和更新。

選擇你更新的點

馬克－安德烈德提出了一種可以辨識更新的實際時間點的看法：

領導方法與時俱進，你也一樣。在這個過程中，你會增加經驗並從經驗中學習，尤其是轉變中的領導方法。你必須確定轉變的時間，並有勇氣採取必要的行動。例如，二十年前我領導麥卡錫特勞特合夥公司（McCarthy Tetrault）的重組，那是我職涯中最重大的工作。為了給正在增加的年輕人才提供空間，我們不得不要求四分之一的合夥人離開公司，所以這是一項不得已的任務，但它必須完成。二十年後的今天，結果是所有人都看得到的。

擁有一種願意從經驗和回饋中學習的心態，對提高自我覺察來說十分重要，但這需要結合有勇氣進行調整和嘗試新的或困難的方法——換句話說，採取行動。導師制可以成為兩者的催化劑。正如羅恩・法默指出的：「你必須能夠向教練或導師請益，以便獲得回饋並與他們建立信任的關係。那些高層的工作十分寂寞。」當你有這樣的管道時，領導方法就能獲得加強。你應該更頻繁地考慮這一點。

很難！領導確實很難

持續的自我更新很難。如果你是執行長，要向董事長尋求建議很難；但如果仔細選擇的話，導師是一個可行的解決之道。當你有提供回饋的堅實後盾時，領導人的自我覺察就可以得到增強。關鍵是回饋應該是重要的、客觀的和有力的，但這又會引發有自我覺察、回饋和指導的更多問題。例如，你如何獲得回饋而不至於顯得不安全、脆弱或覺得丟臉？你如何預測因為晉升和毫無準備而被扔進深淵的挑戰？一個人如何調整行為而不顯得愚蠢？

好奇心和有意識將幫得上忙

在我自己的領導經驗中，學習確實來自犯錯和承認自己不知道所有的答案。變得有辦法學習和保持開放，並與其他有見識的人（包括導師）在一起，對我有很大的幫助。需要知道新事物和持續的好奇心對學習能力也有益處，無論是來自與生俱來的好奇心還是刻意為之，兩者都是好事，並對成為更好的領導人有幫助。我從凱蒂・泰勒關於她持續自我更新的故事中找到靈感：

在大學裡，我學到女性可以做許多其他的事，例如成為教授、作家等，並進而轉向學習政治學和經濟學，這開啟了我「重造自我」的過程。我繼續攻讀研究所課程，專攻法律和商業。在遇到一位女性投資銀行家後，我的渴望改變了。儘管我看到許多女性擔任這類職務，但一直到後來我才開始看到女性擔任領導職務。在我的職涯早期沒有多少楷模，幸運的是我在任職四季酒店後，我能夠就近看到領導是怎麼回事。觀察著名的酒店經營者伊西・夏普（Issy Sharp）和他的工作方法，是我思考領導以及什麼對公司最有效的起點。我學會了如何信任和授權，我發現影響力在領導方法中是最重要的，而不是控制。你必須成為價值觀和使命的象徵，並「透過楷模而非職位的力量來領導」。人們之所以追隨我，是因為他們知道我代表著好事，並對此持開放態度。

領導人永遠是楷模

針對以透過楷模作為自我更新的強力手段，瑪莉・喬・哈達德提供了一個有趣且有用的觀點：

有時候，你可以透過談論你不了解或不滿意的領導人來回答這個問題。不滿的根源往往是價值觀的差異，也許那個人的價值觀和你的不一樣，但這可能影響你的判斷，導致你無法更平衡地欣賞那個人的領導。與其做出判斷，不如從自我反省開始，它教你要對自己誠實。問自己：我有什麼和沒有什麼技術和能力？保持開放的心態、檢查你的立場，與那些可以支援你並提供你所欠缺技能的人交往，如此作為領導人的我們就可以變成其他人的楷模。有不同的價值觀本身並不是一個阻礙因素，反而你會在反省後看到它並採取行動。誠實地了解自己的局限性，採取措施藉著善用周遭其他人的影響來作為平衡，這將對成功的領導更有幫助，讓自己保持夠開放以獲得回饋和批評。作為領導人，我今日所做的事將對他人產生影響力。開始每一天的好方法，就是牢記這一點。

這些證詞和即時的經驗，將有助於凸顯為什麼自我更新是一件優先要事。為什麼它必須在每個領導人和八大能力中佔有一席之地，以及為什麼它是由領導人自己的根本心態所促成的。

如何才能專注在自我更新

需求	行動－行為
● 學習的心態 ● 不假設你知道所有答案 ● 放棄「一旦成為領導人，就永遠是領導人」的觀點 ● 從昨日的假設中解脫	● 尋求回饋 ● 知道自己的盲點 ● 有意識地領導

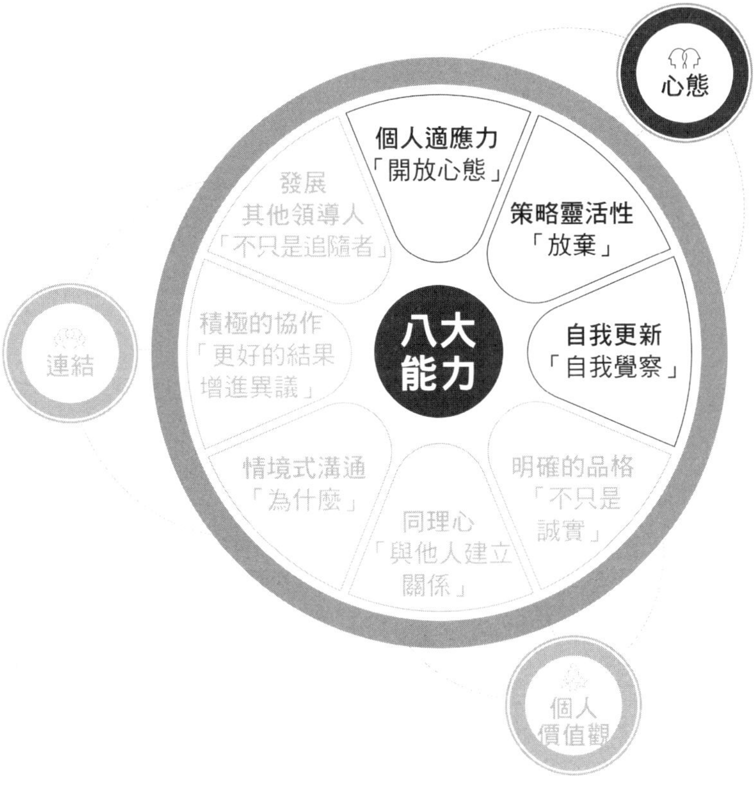

圖 15　八大能力：心態

第十五章　八大能力之四：明確的品格

當價值觀、思想、感覺和行動保持一致時，人就會變得專注，品格就會得到加強。

——約翰・麥斯威爾（John Maxwell）

一切從個人價值觀開始

每個人都擁有自己的品格並為它負責。品格不是環境的受害者，它獨立於環境而存在，但是仍然有人抗拒（或避談）把品格列為領導人的最高能力並定期檢視它。全球金融危機後，明確的品格很快被視為八大能力中需要更被強調和獲得公開關注的一項。當我第一次在我的教學提到它時，它換來一陣靜默和幾乎是尷尬的反應。這並不是因為班上的領導人不同意它的重要性，而是因為它通常只是一個假設——至少在發現早期警訊或指標之前是這樣。即便如此，它也被歸入「乏味」和「難以反駁」的類別。

監管審查和不斷發現的詐欺與不法行為的證據相結合，給品格的重要性帶來一線曙光。領導人的品格往往被認定是誠實，而且不是能力清單中明確的項目。在區別成功的公司與全球金融危機期間失敗的公司特徵、價值觀和優點的研究上，理察艾菲商學院（Richard Ivey School of Business）是最早真正承認品格是領導人重要條件的商學院之一。這個發現帶來品格架構的發展。我讚揚艾菲學院的創舉，和它在發表的結論中表現的品質和勇氣[1]。

品格不只是誠實

八大能力定義的品格超越不撒謊或偷竊的範疇。當然，不撒謊或不偷竊是品格，但如果我們希望成為有價值的領導人並保持如此，那需要的品格就更多了。現在人們對領導能力的關注比以往更強調品格——最近一篇有著豐富內容的文章是阿耶夏・狄伊（Ayesha Dey）寫的「招聘執行長時專注在品格：個人行為可以預測哪些領導人可能誤入歧途」[2]。前面提到，每個人都有自己的品格並為它負責。品格是由領導人的核心價值觀驅動的，它反映他們為人的深度和廣度，以及他們在任何情況下是什麼樣的人，不管情況的要求如何。多年來各個組織一直在發表核心價值觀聲明，明確表達它們的使命宣言和道德政策。這一切都是好事，而且很受歡迎。但是，八大能力中品格的明確定義與其確定性，是由領導人的個人價值觀所支撐的。雖然後者可以受到組織價值觀的影響甚至塑造，但它們仍然由每個領導人擁有、表達和實踐——透過它以及透過事實和透明贏得信任。

品格的本質是三個T：真實（truth）、信任（trust）和透明（transparency）。每個人都期望領導者具備這些特質，而對領導人的挑選和判斷，是根據他們是否具備這些明確的品格而達成的。目前的疫情已經證實，品格的確定性現在可望成為必要條件，而這個事實在本書分享的談話中更進一步獲得成就卓著領導人的證實。

巴里・佩里把明確的品格稱為「在遊戲中保持信譽」和「承擔做正確的事的責任」，這始於設定基調的執行長承擔做正確的事的責任。他敘述他如何從領導富通公司最大收購案之一的經驗汲取的重要教訓。在這項交易達成後，巴里遇到了可能導致他重新考慮的新問題。然而，他沒有擱置交易，而是透過重組部分交易來管理問題。既然發現新問題，為什麼他不乾脆放棄這筆交易？他覺得這不是正確的作法。「一旦你深入一項交易，就很難回頭。在壓力很大的第一線，要保持做正確的事需要品格、力量和原則。」當被問及在沒有其他競標者的情況下，是什麼促使他做出艱難的選擇，因為他還有包括反悔的其他選擇，他說：「言語和承諾一旦說出來，就成了你的信譽。」這牽涉信任、公平，以及透過透明和真實來信守諾言——這就是品格的本質。

它公平嗎？
它正確嗎？
它合法嗎？

每天做正確的事

多年來BMO金融集團教授了許多「做正確的事」的方法，它藉由一項稱為「第一原則」的政策得到加強。包括董事會董事在內的每一位員工每年都必須簽署一份協議，以確認他們遵守這些原則。每當做決策時這套原則會提出三個問題：它公平嗎？它正確嗎？它合法嗎？這個例子說明了品格在決策上的重要性。但八大能力對領導人的要求更多，超越決策問題，還檢視他們如何每天贏得利害關係人的信任。員工和其他利害關係人透過許多日常事務來衡量信任，他們在評估領導人的品格時會看哪些地方？八大能力辨識出對領導人進行品格評級的五種方式。這五項檢查能夠（也應該）指引領導人的心態、思想和行動，並成為領導人每天如何有意識地領導的一道量表。

價值觀——不只是人格特質

每一位在本書中分享故事的領導人都專注於領導人如何贏得日常與持續信任的期望上。例如，凱蒂・泰勒這樣表達：

（我知道）這種領導價值觀多麼受重視——不是被視為個性特徵，而是用來判斷學習到什麼技能和抱持的價值觀。許多這類技能都是在這個過程中學到的。領導人是外向還是內向並不重要，重要的是你如何表現、如何參與，和如何對待別人。作為其核心的「信任」就是「領導貨幣」（currency of leadership）。信任來自多種方式，人們必須相信你，這不是「一次搞定」的事：你必須一次又一次地證明自己的價值。因此，領導人必須深思熟慮地留意在別人看到和沒有看到的時候，他們是如何解決問題的。為了產生信任，尤其是在危機中，你必須每天在每次互動中贏得信任。

承擔個人責任！

提夫．馬克林把品格和信任與承擔個人責任連結在一起，用以確保或大或小的決策都不會以犧牲他人為代價。「這就是正直的意義。正直不只適用於履行正式的職責或承擔組織規定的責任，還適用於對周遭人的行為保持平衡，能夠表現出脆弱和可教導性，始終保持穩定，不表現出煩躁。」領導人的討論和選擇是艱難的。雖然通常有引導決策的程序，但有時候光靠這些還不夠。它還需要安靜的決心、毅力和對所有受決策影響的人的關心。

明確的品格始於三個T：真實、信任和透明

觀察領導人行為的五個指標：

- 信守承諾（正直）
- 自省以尋找原因（負責）
- 勇於承擔風險（勇氣）
- 原諒他人的錯誤（寬恕）
- 設身處地看事情（同理心）

當然，品格的焦點將始終放在誠實。但對身為楷模的領導人來說，他們被賦予指導他人的特權，所以他們每天都必須展現自己的價值——他們的品格和信任在如此精細的鏡頭下受到仔細的審視。這是我們整體社會的所有利害關係人每天在尋找的東西。儘管你在看到它時不一定知道那是什麼，但時至今日，更深入地探尋明確的品格標準和指標已成為常態。

第十六章 八大能力之五：同理心

我想我們都有同理心，但我們可能沒有勇氣表現出來。

——馬雅・安傑洛

從個人價值觀開始

不久前，我受邀在一項國際領導交流中向軍事人員教授八大能力的架構。剛開始我不確定自己是不是受邀請的合適人選，我以為「命令和控制」是他們的主要領導原則，而我的領導方法卻是以「連結和協作」為主。他們向我保證，是的，我就是他們要邀請的人。他們發現人們期望領導人具備更廣泛和不斷發展的領導能力。當然，命令和控制將是他們管理模式的核心原則，但最廣義的領導要求更多。他們愈來愈發現到這個現實，並且很重視將八大能力納入其中。

我不知道原來這就是同理心！

隨著課程的進行，我詳細闡述了同理心及其含義，以及它如何展現在每個領導人的職務和成功。在舉了領導人同理心行為的實例後——例如善於傾聽、理解他人的感受、透過他人的眼睛看問題——我問全班學員：「在你的日常活動中，身為領導人的你是不是有意識地採取這種心態，並以這種方式與他人相處？」一位第一線軍官舉手說：「是的，我一直這麼做，但我不知道這叫同理心！」亨利（暫且這麼稱呼他）是自然使用同理心的有效領導人之一。我們每天都看到這種情況發生，我們也認識它對他人產生的積極影響。這些領導人通常具有堅定的核心價值觀，關心他人，設身處地為他人著想。

同理心需要比許多人抱持的錯誤解釋更多的理解。組織的環境中對同理心的常見疑慮，通常包括三類人的心態：

● 第一類：這類人認為同理心是一種軟技能，與人際關係／友誼更有關，而與職場的要求較無關，尤其是來自領導人的要求。制訂政策的用意在於關心和體貼地因應這種要求。

● 第二類：擔心人們會期望過高的人。領導人將需要破例行事，並因而被利用。

● 第三類：無意識地抗拒的人，他們不但不了解瞭解同理心的力量，也不了解領導人和接受同理心的人都能從中受益。

今日我們聽到愈來愈多關於領導人缺乏同理心的事，這也反映同理心愈來愈被認為是領導人的基本能力，但在缺乏這種能力的領導人中呼籲要有同理心確實需要更加把勁。此外，雖然領導人可能具備同理心，同理心不能自動化或者由他人代勞，雖然它經常被認為是人力資源專業者的職務。

> 同理心是最未被充分利用的商業領導工具之一。
>
> ——史蒂芬・柯維（Steven Covey）

同理心使橫向領導成為可能

在前面的章節中，我們回顧了「T」型領導的概念。它回應了跨單位領導（橫向領導），增加跨部門和專案的協作，以及超越「豎井主義」（siloism）的需求。在這種從垂直到橫向的轉變（對領導人來說，這是最困難的轉變之一）中，同理心已成為幫助領導人加強與員工和利害關係人連結的重要手段。提夫・馬克林在「領導中的人性因素」中談到同理心：

人的因素必須擺在技術之前。在處理危機時，考慮人們將如何看待危機和人們將如何反應，而不是只考慮技術性的解決方案。當一家大銀行陷入困境，政府當局提出技術解決方案並修復它時，你可能預期這足以讓人放心。但這不是一般人的反應。一般人會想，如果這家大銀行倒閉了，下一家會是誰？我的銀行會倒閉嗎？即使是最好的技術解決方案也往往無法恢復公眾信心。相反的，你必須考慮人們會如何接收你的決定和行動所傳達的訊息。它會對他們的行為產生什麼影響和結果？例如回想一下，全球金融危機的銀行紓困激起公眾的不滿，並導致民粹主義受到日增的支持。

提夫的觀點主要是領導人給人什麼感覺，類似於本章開頭的馬雅・安傑洛的引言。他還闡明了同理心的本質，即設身處地為他人著想：一般人對這種情況會如何反應？

新冠疫情後的同理心趨勢

在新冠疫情後的時代，對員工表現出關心變得更加重要。我們看到各地的領導人都在努力做出許多前所未見的決定，例如決定員工什麼時候該重返工作場所。這帶來領導人必須假設員工想要什麼和更偏好什麼的風險，一種可以透過同理心來降低的風險。這就是對領導人的期望愈來愈專注於人的技能，以及同理心和同情心已明顯地上升到首要的期望並受到密切關注的原因之一。

梅里克・格特勒相信，多倫多大學及其主要領導人將採用並回應這些新要求，因為指引它如何關心員工的基礎和信念就是同理心原則。正如梅里克指出，關心員工可以表現在承認工作－生活平衡和休假的重要性。在回答有關後新冠疫情環境中員工身心健康的問題時，他進一步指出：

在休假時仍然工作是多倫多大學根深柢固的行為。對我們的一些副總裁和學者來說，做研究幾乎和度假一樣。他們認為那是令人耳目一新的改變，是舒展不一樣的腦力肌肉的時刻。要根除這種作法很困難，但這麼做卻很重要。今日多倫多大學被公認為加拿大最大的僱主之一，提供各種優渥的福利，包括假期。

同理心不能外包或自動化

這些故事告訴我們，展現同理心和關心是每個領導人的工作。尤其重要的是，高層領導人透過他們的重大決策和個人的小決定，以及每天的個人互動來定同理心的基調。凱蒂・泰勒也確認同理心的這個面向，和它是透過日常的小行動展現出來。她稱之為同理心領導。

對我的領導方法影響最大的是觀察高階領導人如何與公司員工互動。有些人粗魯又嚴厲，而這對人會造成影響。我看到另一些人總是花時間與員工喝咖啡和聊天，其中一位是全球性酒店的營運主管，他每天早上都會和通宵工作的擦鞋匠一起喝咖啡。這個人讓我看到真實的領導是什麼。我看到他對業務發揮的影響力：他很值得信賴和備受敬重，能夠打動各個階層的人，解決或大或小的問題。我甚至在他的信中看到了這一點，以及他如何改變一些小事，例如「我很高興『與你』（而不是『對你』）說話」。我發現他的方法很有用，因而採用了它。

馬雅・安傑洛說：「我想我們都有同理心，但我們可能沒有勇氣表現出來。」像許多其他人一樣，我最初對表現出同理心的擔憂，是它可能傳達一種過於柔弱和順從的形象。多虧了丹尼爾・高爾曼（Daniel Golman）一九〇年後期在情商方面的深入研究，讓我了解到領導人強化和表現出同理心是多麼具有影響力的行為。其他人的正面回饋（超過一百封電子郵件！）進一步證實了這一點，他們認同我的同理心方法。這增強了我的勇氣，讓我感到安慰，並促使我有意識地去實踐它。同理心現在是我列為最優先的建議，它顯然在協助領導人成功的八大能力中佔有一個顯著的地位。

就像明確的品格一樣，同理心是由核心價值觀驅動的。兩者都取決於對你是誰、你代表什麼，以及堅持你身為領導人的價值的強烈個人責任感。正如品格是領導人的個人素質，也只有領導人個人才能同理他們所領導的人。重複一遍：同理心無法自動化或外包。

同理心：領導人與他人建立關係的個人能力

需求	行動－行為
● 轉向其他人 ● 設身處地為他人著想 ● 訴求於他人的情感 ● 擺脫昨日的假設	● 保持開放和接近管道的暢通 ● 展現自我覺察 ● 知道自己對別人的影響力 ● 調整行為以便與他人建立關係

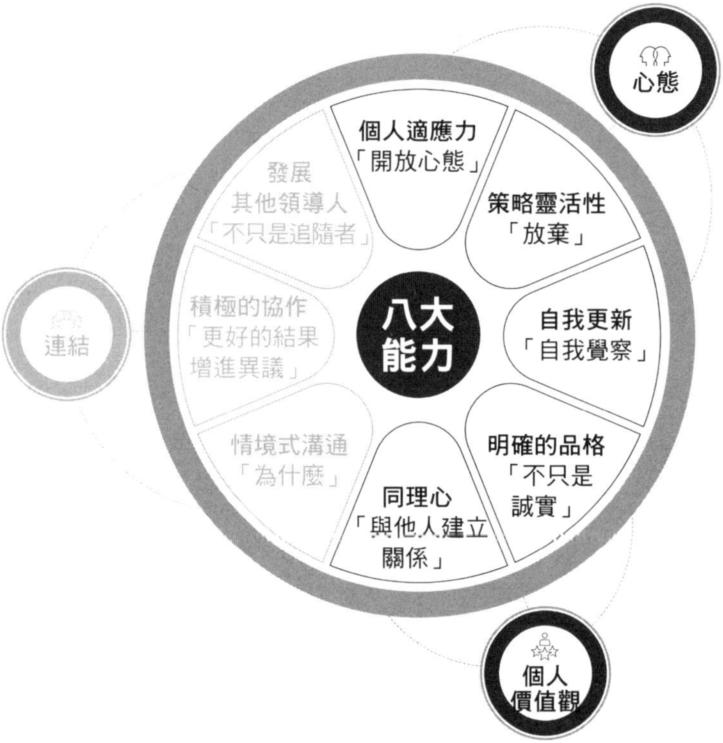

圖 16　八大能力：心態和個人價值觀

第十七章
八大能力之六：背景的溝通

從連結開始

在今日這個非常時期，領導人渴望知道能用什麼東西激勵他們的團隊，團隊也一樣渴望能了解領導人的動機。簡單的答案是：領導人要能解釋「為什麼」和目的是什麼，而不應假設那是不言而喻的。

有效的溝通總是出現在任何領導人技能的清單中，無論是清單的項目有十個還是五十個。然而在大多數組織中，大多數調查對溝通的評分總是較低。為什麼？事實上，缺乏「為什麼」正是低評分的根本原因。溝通而不知道「為什麼」、沒有目的，而只有「什麼」，在今日的勞動力中是行不通的。組織的所有團隊一致認為，他們應該知道「為什麼」和目的，並能以某種方式表達意見，即使只是透過向領導人提問和評論也聊勝於無。

快速形成的意見

透過社交媒體和日益強大的技術快速獲得知識和其他資訊，使人們能夠形成自己的意見和先入為主的想法。領導人的挑戰和義務，是透過先解釋特定組織內的背景以便了解問題。換句話說，解釋「為什麼」追求目標，而不只說明目標是什麼。既然不是每個人都能了解問題的背景，為什麼不需要解釋？

遺憾的是，即使是優秀的領導人也會只傳達他們相信聽眾需要知道或被告知的事！這不是最重要和最容易的嗎？這往往是領導人常見的心態。但很少人會反對有意識的領導就是要：（一）讓團隊聚集在一起為達成計畫和目標而努力；（二）讓人們提供職務描述之外可自由決定投入的精力；以及（三）讓人們瞭解目標和願景的重要性。這才是成功的領導！

那麼，問題是，領導人需要採取哪些不同的作法來提高溝通和與他人互動的有效性？領導人必須適應全新和不同的思維方式並拋棄舊假設的能力，這比以往任何時候都更迫切。今日的勞動力和利害關係人已發生巨大的改變，人們的期望已大不相同，但許多高階領導人還不明白這一點。

重要的不只是「什麼」——「為什麼」也重要

所有人和整個社會的重要期望之一是，渴望了解領導人動機和決策背後的「為什麼」。我們在利害關係人期望的明確遊戲規則改變中曾談過這一點，也談到它與真實、信任和透明的關係。同樣的，它也是在短命的策略的明確遊戲規則改變中的關鍵能力之一。每個人針對策略的校準永遠是牽涉到「為什麼」，而不只是「什麼」。它能聚攏人們並促使他們參與，並且建立信任和支持。毫無疑問的，這在不斷改變的勞動力與職場的明確遊戲規則改變中也是千真萬確的。從開始做八大能力的研究以來，有關吸引員工和其他人參與的作法已經有許多人寫過，包括書籍、文章和深入的討論，但溝通仍然是獲得更大成功的障礙，為什麼？

「為什麼」的重要性在成就八大能力的每一步都很明確，這也是本書的前提。這始於第一篇談到的透過明確的遊戲規則改變來辨識為什麼領導愈來愈難，而第二篇則探討為什麼領導人自己的心態有時候是他們最大的障礙。這些作法都能導致領導人真正適應新的和不同的挑戰，並認識團隊的潛力、精力和參與程度。雖然八大能力中的每一項都同樣重要，並與領導人的大目標密不可分，但溝通卻是首要的能力。它牽涉溝通背景、「為什麼」，以及把問題轉變成目標、再進而轉變成認為最合宜的行動。

溝通「為什麼」能產生魔力

瑪莉・喬・哈達德已經（在第六章）指出，溝通為什麼顯示出領導人的開放和容易接近。這跨越了思想較封閉的領導人被認為常犯的與現實脫節的毛病，這種領導人往往只告訴員工該做／該完成什麼。馬克－安德烈・布蘭查德提供另一個好例子，說明當不解釋「為什麼」時會落入的陷阱：

領導力的一個關鍵面向是溝通的能力。幾年前，我們公司把辦公室搬到蒙特婁一棟最摩登的新建築，我接手這項計畫的領導權。雖然我之前曾反對該計畫，但現在我必須執行它。一年後，我們正搬進來新建築時，我聽到我的助理告訴一位客戶，沒有人徵詢過員工的意見，他們因為喜歡老地方所以現在不開心。我發現雖然這個項目執行得很好，但相關的溝通卻做得很糟糕。我立即向員工做簡報以提振情緒和爭取對這項搬遷的支持。我學到的教訓是什麼？你可以運作得很好，但如果溝通不良，你就有麻煩了。

馬克－安德烈的經驗很常見，原因在於從一開始就沒有獲得回饋意見。這正是初始的溝通沒有說明背景，在員工方面留下完全空白的情況。是的，計畫一樣可以完成，但如果員工了解做這個決定的「為什麼」、並有機會提出問題或表達他們的觀點，計畫就能做得更好嗎？員工和利害關係人並不期望改變這項行動或領導人的決定，但他們期望意見被聽見並獲得重視。

「為什麼」意味「背景」

提夫・馬克林強調溝通背景的重要性：

在領導的溝通中，問題的處理順序極其重要。第一個問題是「為什麼」。目前工作的目的是什麼？如果你讓人們對「為什麼」感到振奮，他們就會全力以赴。從這裡開始進入「誰」的階段——也就是建立圍繞著你的團隊，利用多樣化思考和方法的價值來獲得最好的建議。然後第三個問題是決定「什麼」——山所做成的決定產生的行動，現在由整個團隊來集體執行。

儘管有證據顯示許多領導人正在更新他們的溝通和參與的能力，但我仍然經常看到領導人在溝通時漏掉背景。我們經常看到的是把一個很大的焦點放在澄清「什麼」，然後說服人們要「如何」。這讓已有自己的想法或觀點的員工或其他聽眾的意見沒有機會被聽見，其結果一定是參與度、甚至是生產力無法達到理想水準。

「為什麼」意味「信任」

人們不會自動相信「什麼」或「如何」，但他們確實會相信「為什麼」，並且經常表現出這種差異。漏掉的是：（一）為什麼做某件事很重要、（二）對誰重要，以及（三）員工在讓它變得重要上的作用。溝通「為什麼」不只是表達尊重，還能創造信任！花時間提供「為什麼」，解釋背景和聽取觀點能帶來同理心的行為，它傳達了領導人容許人性的展現。雖然領導人的職責是解釋訴求於頭腦的邏輯和分析，但「為什麼」能訴求於感受（心）和態度。心和頭腦都很重要。

人們普遍認為，這種優雅的溝通在小公司或家族企業比在大型組織更常發生，這是一種過時、帶來障礙的想法。當然，正式的制度、基於資料的決策和邏輯的定量架構不但重要，而且在今日的技術上也更容易實現。這使領導人在分析和下結論時更加聰明——人們仍然偏好事實！但令人擔憂的是，領導人抗拒花時間以更人性化、尊重和情境式的方式與他人互動，從而做更全面的溝通。過分依賴正式制度、腳本化的決策表述以及由上而下的領導形式，將無法善用今日員工真正的精力，也無法發掘他們真正的潛力。

「為什麼」意味「更好的連結」

領導人的容易接近和個人連結的力量使他們更能做好傾聽。傾聽現在是金本位制：它是包容性的擁護者，樹立一種重要而有價值的文化標準。領導人可以採取一種明顯的行動以觀察他們的溝通是否落實，那就是四處走動，傾聽藉由非正式管道討論的內容。這將讓領導人知道員工的想法。四處走動通常可以為領導人提供更豐富的資訊和洞察，勝於一般書面調查和問卷所得到的回應。

巴里・佩里熱情地談到領導人容易接近和傾聽如何協助他公司的領導：

你必須知道，十五年前富通並沒有任何溝通和投資人關係的機制，我們必須自己建立這些機制。這需要與人建立關係，你必須出去與人見面。對我們收購的公司，我們需要告訴它們「你們的文化是你們的，我們不會干涉它」。透過這種尊重對待的程序，富通創建了一個有凝聚力的組織，所有部門似乎都有強大的文化。這真的很神奇。我們收購了企業，把它們放在一起而不改變它們——但它們都能共同成長為單一的組織。

對巴里來說，這種與員工連結的方式建立在包容性和容易接近上，這是協作和參與的基礎。上一章討論同理心和本章討論背景溝通對今日組織中的協作方式至關重要。

而正如我們將在下一章中看到的，第七種能力——熱烈的協作——強化了這種領導中的必要品質。

情境式溝通：了解「為什麼」

需求	行動－行為
• 容許問問題 • 傾聽多於說話 • 解釋「為什麼」 • 解釋複雜性	• 訴諸邏輯和感受 • 超越分析式心態並考慮情緒 • 透過承認先入為主的心態了解他人的心智狀態

第十八章
八大能力之七：熱烈的協作

從連結開始

熱烈的協作在有意識的領導中佔有重要而關鍵的地位！

- 它不是一種選擇——而是一種必要。
- 它是一種手段，而不是目的。
- 它歡迎不同意見，而不只是共識。
- 它永遠是包容性和無邊界的——而不只是垂直的！

近年來協作的概念在領導方法的文獻中受到大力推廣。我在把協作視為核心價值之一的蒙特婁銀行的經驗，促使我決定把「熱烈的協作」納為八大能力之一。為什麼要「熱烈的」？因為「協作」的意思並不是那麼清楚！

協作讓人聯想到各種迷思和假設。但我所謂的「熱烈的協作」在八大能力中的重要性始終未減，是在這個非常時期要想成功不可或缺的條件。我們的三個明確的遊戲規則改變——利害關係人的期望、不斷改變的勞動力和職場，以及數位化——需要它。鐘擺轉移正從命令與控制轉向連結和協作。但它仍被那些認為協作需要無休止的開會的人所忽視甚至排斥，他們利用偽裝的問責制來敷衍了事，做任何事只求維持和諧和達成表面的共識！

協作——更好的結果，而非回音室

後一種對協作的看法與我十多年前在蒙特婁銀行的經驗有關。協作是我們的四大核心價值觀之一，它極受歡迎，並且變成每個人績效評量的一部分。但很快地主管們就問我他們從協作中看到的不協調。「蘿絲，」他們問：「協作的企業價值觀還沒有被許多公司實踐——所以，既然沒有被堅持奉行，它怎麼算得上是一種價值觀呢？」這是一個重要的問題。我的回答是：「告訴我你們在觀察什麼或遭遇到什麼。」他們的故事都指向我所說的：「喔，你是說他們並不『同意』彼此的看法——或你的看法！」

我的回答促使我們回顧我們如何——或更確切地說是沒有——解釋為什麼協作對於優秀的領導、執行策略以及利用精力和協調團隊如此重要。由這衍生出合作的真正含義：「達成出更好的結果。」要這麼做，就必須有不同意見，和容許不同意見。它需要不同意見，需要不同意見被聽到。所有這些都讓位於「熱烈的協作」——使不同意見成為可能並鼓勵有不同意見，最終目標是達成更好的結果。一群有類似想法、和諧相處的人只會變成一個同意的回音室；一個不允許可以改進的多樣意見和想法的領導人，將很難有最好的表現。今日的領導面對的挑戰——更複雜和多樣化的職場、數位化、遠為廣泛的利害關係人期望——將推動對包容性和有不同意見的（「熱烈的」）協作的需求。

早些時候，羅恩．法默談到即將上任的執行長面臨的挑戰，他們沒有時間透過傳統的垂直和水平結構來制訂計畫和接受變革。它促成了被稱為「熱烈」協作的其他領導方法興起。羅恩說，在今日世界的領導「需要團隊、網絡、非正式關係；它需要能非正式地扮演經紀人的同事；它需要在空白地帶運作的次級群體間架起橋樑，發現無名英雄，並發掘未被利用的人才」。這種淵博且高度切題的見解支持了「熱烈」的協作方式，把這些元素都連結起來以確保更好的結果。領導變成分散式的：團隊是英雄，層級式的領導人變成推動者和導航者。

真正的協作是連結

熱烈、包容和多樣化的協作可以採取多種形式，但從本質上來看它必須是有意識的、連結整個組織的內部和外部邊界，不被鎖定於垂直的領導單位裡，反而是在正常或有機成長情況下不會發生關聯的想法、人員和資源，會開始彼此連結。當領導人往橫向發展並公開行動時，結果是最佳的包容性。麥爾坎・葛拉威爾在他的《引爆趨勢》一書中把這些人稱為「連結者」（如第十章所述）。豎井需要被打破，領導人需要改變單一重點、單一問責的方法，雖然這兩種方法可能且應該存在於某些情況下。在第十一章中，我們把橫向領導和整個組織的連結稱為「T」型領導的概念。「T」代表需要採用權威式的垂直領導，但今日非權威式的橫向（跨越各單位）領導已變得不可或缺。若要同時掌握垂直和橫向結構，完全仰賴多樣化和熱烈的純熟協作。

協作與反對意見

創意領導中心（CCL）宣稱，「知道如何管理反對意見是一種改變遊戲規則的能力。」研究已經表明：能管理反對意見的領導人、團隊、個人和組織，比不善於管理反對意見的領導人、團隊、個人和組織表現得更好。我親身參與了創意領導中心的教學，並深深接受這些能力。同樣的，我參與企業執行委員會（Corporate Executive Board，現為顧能〔Gartner〕的一個單位）對企業領導的研究和教學，也堅定了我的信念。實踐熱烈的協作是最好、也最難的有意識的領導。

在與八大能力研究有關的眾多領導人中，我們聽到熱烈協作的故事。正如羅恩・法默指出，在有目的和有步調地轉變策略時，你需要它：

> 如果你領導的公司有許多屬性可能背離今日勞動力的新方向，那麼要想改變領導方法將很困難。執行長或其他即將上任的領導階層將很難激勵員工，和推動帶來改變的協作。儘管有關改變管理的研究已經汗牛充棟，但要實現改變並不容易。我們看到各種團體互向競爭的影響力暗中或公然地抗拒它；另一方面，在今日這種嚴苛的環境下，時間極其重要。對嘗試推動必要的改變同時管理所有利害關係人的高預期的執行長來說，這已經變得極其困難。因此，這種對協作以及獲得精力和團結的關注，已比以往任何時候都來得更加重要。

文化可以加強或阻礙協作

提夫・馬克林描述了領導人如何了解文化可以加強或阻礙組織內部的協作：

領導人必須認識到，熱烈的協作具有不同的特徵，取決於組織及其治理系統。我在從加拿大銀行轉換到羅特曼管理學院的過程中看到這一點。身為羅特曼學院院長，我發現我必須更依靠軟實力。在這裡，文化和程序比在加拿大銀行的企業環境更有利於提供諮詢。在這裡影響力不是向上流動到高層的其他人，而是更加分散式的。如果除了你之外的其他人也有影響力，你就無法迅速行動或掌控大局。

但領導人必須看到硬幣的另一面。一旦漫長曲折的決策過程結束，它就不再是院長的計畫，而是教職員的計畫，因此也不再需要向教職員推銷它。執行會自然而然地發生，因為它們一直是計畫的一部分。作為領導人，這個過程有真正的價值：愈多人在計畫中看到自己，它的執行就愈有效，這對了解是否有其他超出個人直接控制的影響來源很重要。事實上，我在主持二十國集團代表會議時發現這與國際決策有相似之處。這個過程很重要，如果每個人都相信這個過程，決策就會持續受重視並得到執行。

協作意味善於傾聽

梅里克・格特勒很重視傾聽和善用他人的意見。作為多倫多大學校長，他認為重要的一件事是要確保教職員和利害關係人知道「為什麼」要採取特定的策略，這是他早期擔任院長學到的：「不要提出完全成熟的想法——人們需要參與、包容，和有機會提出相反的觀點。」這種方法能帶來更被接受的結果。每個人都更願意在創造出來的新路徑上亦步亦趨，組織圖上的實線不再代表人們實際完成工作的方式。

梅里克讓我們更了解熱烈的協作如何運作：

領導人必須展現你能夠傾聽並考慮他人的意見。這種方法對我為出任多倫多大學校長職位做準備十分重要，這個職務必須為大學擬定策略願景。我開始與大學各部門的人私下交談，其中許多人剛辭去行政人員或院長的職務，也有些人仍在任職。從這些談話產生了由多倫多大學提出並發表的「三個核心思想」文件。

這些想法必須能夠簡明扼要地表達。首先，隨著省級政府的財政支持減少，大學領導階層不得不考慮他們可支配的其他資源。作為一名城市學家，我認為這所大學是多倫多發展和城市聲譽不可分割的一部分，但我必須把這些想法「推銷」給大學的其他部門。其次，我強調在一些邊界正在高築的時候全球參與的重要性。第三個核心思想是對大學部教育的強調。隨後是為期一年的溝通三個核心思想並徵求回饋。該策略獲得大學社區的一致認可，但它的成功是建立在謙遜上的。方法是：「我的想法是這樣的。但告訴我你們有什麼想法。我不知道所有的答案。」它在兩個層面上發揮作用：第一，它獲得了廣泛的認可和支持；第二，透過帶進其他人的想法，我們得到更好的結果。

藉引導而非控制來領導

愈來愈多人採用熱烈的協作無疑地將推動領導人在他們正式控制的範圍外運作。他們將需要學習如何透過個人關係來激勵他人，以及如何在與他人交往時展現更大的同理心。熱烈的協作需要強大的人的技能，需要接受去個人化的想法，歡迎異議，以及確保他人的意見被傾聽和重視。與八大能力中的其他能力不同，熱烈的協作很困難。但話說回來，今日要領導得好比以往任何時候都難——而且比以往任何時候都重要。

為什麼你在說話？

領導人藉由熱烈的協作讓團隊參與和感覺被包容的能力有三方面：第一是「所有人的傾聽」，尤其是領導人／導航員的傾聽；第二是「團隊成員的傾聽」，而不批評或攻擊他人；第三是「為了了解而傾聽」。能做到這些的基礎之一是「很了解自己說的話」。我有一位領導人透過為自己培養一個新習慣而了解到這一點的重要性。每當他參加小組會議時，他都會悄悄問自己：「為什麼你在說話？」我們成為領導人並透過談話來展現領導的習慣是根深柢固的。

熱烈的協作－藉由容許不同意見獲得更好的結果

需求	行動－行為
• 跨越邊界的連結 • 連結想法、人員、資源 • 善用差異以獲得更好的結果 • 鼓勵不同的觀點	• 了解動機 • 傾聽所有觀點 • 想法去個人化 • 容許並提供不同的觀點

第十九章
八大能力之八：培養其他領導人——而非追隨者

它始於一個前提，即領導人的功能是培養其他領導人，而非追隨者。

——拉爾夫・納德

從連結開始

這種領導能力是八大能力的第八種，牽涉培養其他領導人——而不只是追隨者。把我們的領導方式從命令和控制轉變為連結和協作，意味領導人更轉向職場的授權和分散式領導。如前一章所述，熱烈的協作和包容性違背傳統的領導人概念，這並不表示領導人不會在組織的任務中領導、激勵或設定目標。當然不是——這是領導人的職責！但基於今日環境中的明確遊戲規則改變，非常時期所需的能力與過去領導人需要的能力已大不相同。正如本書反覆主張的：「讓領導人達到今日成就的環境已經改變。」

培養領導人——改善作法

承擔培養其他領導人的責任並不是新鮮事，它包括培養將比領導人本身留在組織更久的接班人。但今日這需要不同的方法、不同的承諾和不同的義務。培養其他領導人是成為領導人的價值和特權的一部分，它牽涉領導的本質。在這裡，八大能力展現與傳統領導技能和作法的不同之處，不但如此，它是對領導人採取行動的要求！

在前面的章節中，領導人準備不足的問題，已經因為勞動力和職場改變的現實而清楚呈現。我們目睹了各地勞動力的退出職場和不滿，從新冠疫情以來更是如此。員工的動機和期望與領導人過去的了解已有所不同：他們想問更多問題。在此同時，過去領導人用來培養其他人的作法已不再那麼有效，因為這些作法是基於對領導人與團隊間關係的不同假設而設計的——也就是有一個領導人，而其他人都是追隨者。

今日的團隊已經不同，今日的團隊希望獲得授權，他們希望有影響結果和尋找目標的餘裕。因此，我們需要更關注我們培養領導人的承諾和作法。然而，我們卻看到領導人供應的數量和品質以及人才管道展望的不足。這就是為什麼培養其他領導人的能力在八大能力中如此重要的原因。另一方面，這種動力不是獨立存在的，因為八大能力是一組與人有關的重疊但獨特的能力，用以駕馭人的精力和潛力，協助他們竭盡所能——所有這些都是為了實現組織的宗旨、使命和目標。

時間和經驗不等於專業知識

在眾多好書和著作中，有一本書啟發了我去探索有意識的領導，它是退休海軍艦長大衛・馬奎特（David Marquet）上尉寫的《扭轉乾坤：領導就是語言》（*Turn This Ship Around!*）[1]。它提醒我們是什麼阻礙了有效培養其他領導人——心態！領導人目前對培養領導能力的心態是什麼？領導人是否相信他們可以只靠時間積累或經驗來發展自己？不幸的是，時間和經驗並不等於專業知識，當然也不等於精通技能。

技術或領導技能

另一個常見的陷阱，是把更多的培養投資在技術、策略和科技的學習上，而只花很少的精力在領導員工和領導的複雜動態上。人們長期以來也認為，培養領導人的投資應該針對中階管理人員和新擢升的高階主管，而未必針對高階領導人，更少見的是高層領導人的培養。直到二〇〇〇年，很少有刻意針對高層領導人的有組織的學習方法。然後在二〇〇八年情況出現了改變，現在五百大企業的一些領導人都已開始接受精心設計的課程和在職領導教學，並被納入他們的職責中。

更多培養活動的分配

在許多組織中，與培養其他領導人相關的模式改變現在已經形成具體的作法，以產生一個完善的模型來指引更好的結果。如前所述，這種培養方法通常形成七〇％－二〇％－一〇％的指導原則，以指引更深思熟慮和有針對性的培養活動。七〇％的原則把活動的分配優先放在有關的即時「學徒式」學習核心。在這種被廣泛使用的作法中發現的挑戰是，匹配的分配和潛在領導人的安排出現不足的情況，或教練水準參差不齊的問題。其結果是最好的學習目標受阻礙甚至無法達成，使領導人的儲備變弱。

導師和教練

二〇％的指導原則要求提供精心設計的指導。正如第八章強調，導師制的好處可能很驚人，特別是良好的匹配和意圖明確時更是如此。有精心挑選出來的導師的人，被認為比那些沒有挑選到最佳匹配的人成功率高四倍。導師已成為所有領導人培養的重要組成部分，許多執行長都有不止一個導師。

課堂學習

同時，一〇％的指導原則要求提供課堂式資源。在這方面，目前的趨勢遠超過必須派人去上課，因為它很受歡迎或很容易利用。商學院現在對其課程是否符合需求受到更嚴格的審查，他們的回應是提供更有效的課程類別。針對目前需要的課程不斷推出，以滿足用更有意識的方法來培養其他領導人成為優良的領導人。

八大能力是從多重教學和學習經驗以及許多高級領導人的投入中演進而來的，已經在許多部門進行討論、辯論和驗證。在第四篇我們提供了一些更簡便的工具，以便對追求自我反思並有意採用一或兩種額外作法的讀者有所幫助。這些將進一步確認你正在做的事情，或鼓勵你對自己所相信的事有略微不同的想法。八大能力為你提供了靈活的起點選擇。為什麼不開始嘗試新方法呢？試試吧！

培養其他領導人是每個領導人的職責

需求	行動－行為
• 高品質的發展評估 • 持續且一貫的 • 導師心態 • 激勵其他人的潛力	• 校準多重的投入 • 畫出有意識和刻意的行動路徑 • 激勵其他人領導，而不只是追隨 • 創造英雄，而不當英雄

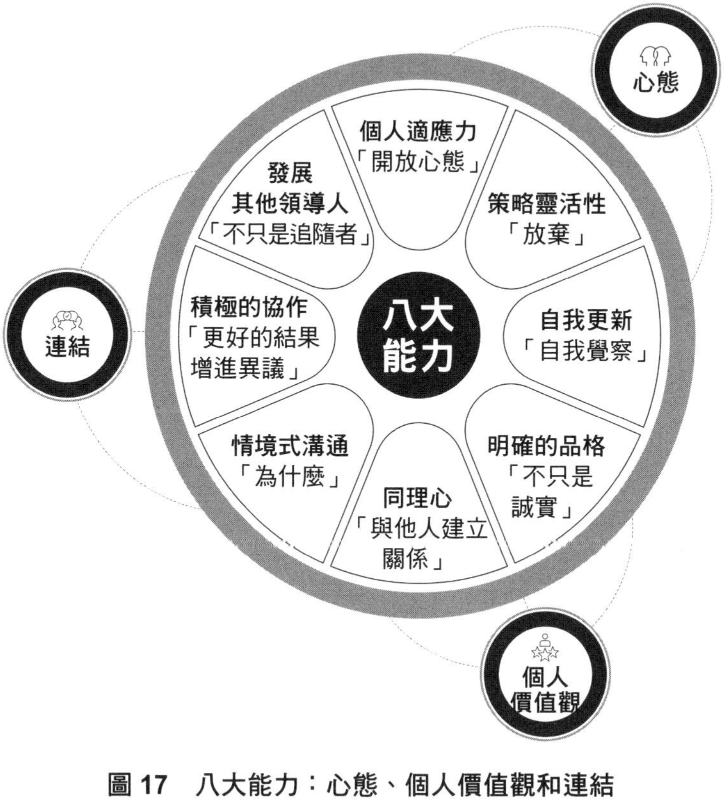

圖 17　八大能力：心態、個人價值觀和連結

第四篇

領導從你開始——它必須是有意識的

第四篇序言

改變的能力是衡量智力的標準。

——愛因斯坦

愛因斯坦的名言從未如此貼切過。正如本書的看法，我們再度處於非常時期，我們的探索始於全球金融危機造成的影響，因而有了這本書的誕生。現在，我們以另一個大破壞——面對新冠疫情的衝擊——結束本書，而且我們知道隨著時間過去，其他破壞也將出現。

領導方法不是永恆的這個主題貫穿本書，有無數的例子呼籲領導人自我更新並帶領其他人發揮各自的潛力。我們看到許多良性轉變正在發生，正如第十章的鐘擺轉移所描述的那樣。世界各地的執行長和領導人都在加緊努力，目睹社會各部門的改變令人印象深刻，這個警鐘將繼續為所有人敲響。

有意識的領導變得更加重要

我們需要有意識的領導從未像此時這麼迫切。超越本能而從反思和獨創性中創造出有意識的行為——這是新常態。當我們不斷發現勞動力和職場的重塑時，所有的不可預測性中有一件事是可以確定的：把人類潛力視為我們最未被開發的資產將受到人們日增的關注。我們如何啟發、激勵和發展被領導者的潛力，將考驗我們了解和利用技術的方式，以及我們如何駕馭工作的結構本身。混合型和遠距工作的勞動力與對領導人能力的期望將相互交織，且前者將影響後者。做好連結並有效賦予他人權力的觀念將成為所有人的基礎。

數位化轉型——所有人面臨的挑戰

達瑞爾・懷特提供一個數位化轉型的例子：

在像我們這樣的公司，我們必須擔心「內部和外部」的數位化。在內部，最重要的是推動工作和提高工作效率；它牽涉人才，以及誰在做什麼、何時、何地。這非常重要，尤其是在競爭的一開始。在外部，最重要的是獲得顧客的管道和產品，哪些產品將交付給顧客，多快？如果你太慢或太快就會犯錯。我們仍處於早期階段。另一方面，如何在控制成本的同時因應數位化？這是我從我們所服務的對象那裡發現的最大問題。我們如何做到這一切？人才模式是什麼？我們要不要設置一個數位部？

達瑞爾對設置數位部門的這個答案抱持懷疑態度：

我們沒有單獨的顧客部，因為我們所有工作都與顧客有關。如果你有一個技術部，它應該與所有人有關，因為每個人都使用並依賴數位技術。這是否意味在每個營業單位都要有技術或數位專家？你是否把他們集中在一個單位？這對大公司來說是一個巨大的挑戰：你如何組織數位化？我相信把技術人員和業務人員放在不同單位的日子已經結束了。

我提醒達瑞爾，不到十年前組織工作的方式和領導人如何領導人才還是成功採用數位化的最大障礙。他的回答是：

在人才和領導方面，我們必須確保候選人能夠完成不可或缺的企業工作，並要求他們具備數位素養。在所有方面中，這兩方面是關鍵。候選人必須有優秀的基礎能力，而且嫻熟數位具備有好奇心。這是新基礎、新常態，我們已踏上數位化之旅，但尚未到達終點。這是一件大事，我個人正在這個旅途中。我必須學習，求教別人，走出我的舒適區。今日只是說你已實現無紙化是不夠的，人才的目標很重要：它牽涉重新培訓既有的員工，而不只是招聘新人。提高數位素養是其中的一部分。

令我印象深刻的是，達瑞爾如何巧妙應用他的各種領導元素，而且這些元素與本書揭示的元素相同。他提到需要超越本能，轉向有意識的刻意，而這在我們的談話中獲得其他領導人的呼應。其他領導人也談到自我更新、適應力和策略靈活性的重要，人的技能和人的動力的重要性也是如此。

夥伴關係和協作

例如，梅里克・格特勒在另一個領域熱烈地談論透過虛擬數位化的互動和夥伴關係獲得成功：

在疫情期間，我們繼續讓大學運作的能力取決於把我們的大部分工作數位化。在個人移動十分困難的時候，它實現了虛擬互動。結果發生了許多好事：組織繼續運行並完成其任務，新事物也誕生了。一夕間我們一整個世代的教職員採用了以技術為媒介的教學、學習和夥伴關係。謝天謝地，我們原本就有合適的基礎設施。隨著我們對數位工具能做什麼的了解不斷加深，我們發現自己正處於重新發明大學部教育的開端。我們看到這個過程在過去兩年加速進行。

領導面臨的挑戰不是依靠唯驗證為真的方法，而是繼續在可能的範圍不斷地演練開放和創新。大學是每天互動的聰明傢伙的集合，我對互動品質的憂慮始終是最優先的考量，如此我們才不會因為數位媒介的互動和長期缺乏面對面的互動而導致傷害深入的了解、相互尊重和信任。學術界和研究界需要這種保證。信任在許多領域都極其重要，而不只是在大學。

達瑞爾和梅里克所倡導的是有意識的領導，我們發現麥肯錫也倡導類似的領導[1]。注重橫向協作、策略靈活性、建立團隊、放棄過去的假設，同時承擔自我更新的個人責任——

這些都需要堅持不懈的毅力來適應和重建。在接下來的章節中，聽取其他領導人的意見將有所幫助，因為我們將把聚焦於在這個新環境中承擔領導責任所面臨的挑戰。

接下來四章

在本書的最後一篇，我們會提示你停下來反思，並提出對你自己要有什麼意識和需要更新什麼的問題。在組織目標的情況下，你需要哪些動態策略、使命和人力技能才能出人頭地？領導從你開始。如果是這樣，那麼它一定是有意識的。有意識的領導很難做到，但它永遠值得你這麼做，它提高你作為領導人的價值。

在接下來的四章，本書提出有關做好領導的四個首要任務和義務的想法和經驗。正如達瑞爾和梅里克針對他們最重要的挑戰和應對措施提供了觀點和見解，其他人也將分享觀點和優先事項。

圖 18　好領導的四大要務和義務

第二十章 自我反思：回饋、自我覺察和調整

一個人的自我概念，結合來自其他來源的客觀回饋，是自我覺察的核心要素。這需要有意識、勇氣和毅力。

——蘿絲・巴頓

大多數領導人相信他們能自我覺察自己的優點和盲點，尤其是當他們有多年的成功經驗和成就，所以這是很自然的事，大多數人還認為他們已經從挫折、失敗和修正路線汲取了教訓。因此我們要問的問題是：「你能再更好一些嗎？你在此時真的知道自己的盲點，還是你是根據過去的認知和環境做出自我覺察？環境改變了嗎？」

你能做得更好嗎？

你知道八〇％的領導人有至少一個盲點或隱藏的優點嗎？讓你達到今日成就的環境已經改變，許多領導人可以在調整他們的盲點上做得更好——只要他們信任獲得的回饋。是什麼阻礙了他們做得更好？

自我覺察和領導人的更新是我諮詢工作的重點，自我覺察低下是領導人無法出類拔萃、甚至出問題的常見原因。是的，領導人確實關心自己的盲點與他們在領導方面可能有缺陷的問題，這是事實，但有幾個因素會導致這種障礙。

有盲點是人之常情，也是自然的。它通常被合理化為「問題是出在別人，需要改變的是別人」，或者「人就是會這樣，那是他們的個性，他們無法改變」。我們也經常聽到「我知道我有這種習慣，那會導致問題。但那就是我：我就是這樣，而且可能永遠改變不了！」當然，在這種情況下，領導人會被提醒沒有人期望他們改變自己的個性（而且反正個性無法改變，所以最好不要嘗試！）。但如果人願意改變，而且這麼做很值得的話，那麼每個人都可以改變行為。

因此，接下來的討論就會像這樣：「你說的可能都是真的，但在這個特定的組織中、在這個時候，被強調是具有破壞性的行為與我們有意識的價值觀、目的或目標相矛盾。不同的行為可能帶來更積極的結果，並且可以對人員和組織產生更大的影響。調整它是值得的，它的結果會是一個更好的領導人。」有時這個建議就像魔術般有效，因為人們總是想變得更好——即使它很困難或令人尷尬。但可以理解的是，提高自我覺察確實會遇到阻力，對一些人來說，做調整有時候會引起更大的抗拒。但嘗試是金科玉律。

據我所知，直到一九七二年雪莉・杜瓦（Shelly Duval）和羅伯特・威克倫德（Robert Wicklund）在他們的《客觀自我覺察理論》（*A Theory of Objective Self Awareness*）一書中，首次對自我覺察做了概念性的探討[1]。它談到把注意力放在內在，並思考人對其他人的影響；但它也談到反思一個人的價值觀，即人的意義和關心什麼。幸運的是，今日我們已聽到更多人談論自我覺察的重要性，和它對成為優秀的領導人是多麼不可或缺。

成功率提高四倍

我們從較晚近的研究發現，那些會自我覺察的人成功的比率，是沒有自我覺察的人的四倍。我個人認為這是事實，因為我觀察到的情況確實如此。自我覺察是一個可觀察的領導力差異因素，也是取得更大成功的關鍵。我的觀察也支持這種信念，即那些自我覺察、很了解和關心自己對他人影響的領導人，往往更常質疑自己。他們更仔細地反思他們的影響力以及它是否是正面的（使用反思來了解為什麼會如此）。

在課堂上或任何提供諮詢的時候，領導人經常接受的建議是花十分鐘來反思你今天造成的影響，並問自己那是正面的影響嗎？真正的客觀需要勇氣和堅毅，尤其是採取某些行動或進行調整時更是如此。勇氣是另一個黃金標準，信任是對有意識地調整行為的特別獎賞。人們確實會注意到你的改變！做出調整的領導人很快就會克服感到自己脆弱、無法隱藏或可笑的困難，因為它會立即被明顯的積極影響力所抵消。試試看！很快的反思和變得有意識所花費的時間就會被遺忘，這就是它所帶來的楷模和謙遜的力量。

自我評估導致學習。

我認識的許多領導人都對反思、自我覺察和調整行為有清晰的了解，例如在談到自我評估如何帶來流暢的學習時，提夫．馬克林指出：「領導能力是後天學習得來的、有意識的領導始於自我評估，這兩個概念是交織在一起的。」換言之，沒有自我評估和反思，怎麼可能汲取教訓？正如提夫指出：「自我評估可以透過向自己提出問題來揭露迄今未被認識的遺漏，或對某些事情的無意識抗拒。你可以被教導嗎？你覺得很難心甘情願接受建議，還是根本無法接受？也許並非整個團隊都像你這個領導人那樣積極追求你的願景，也許有些人很熱情，而另一些人則有些冷漠。這是為什麼？你有沒有想過那可能是你帶頭的？」

提夫說，提出這類問題並反思它們，意味你正開始了解領導能力是後天學習而得的。為了解釋這一點，他敘述他如何從研究分析師開始的職業生涯。剛開始只研究細節和資料，聽取他人的建議是自然而然的行為。但在幫助人們解決問題時，他發現大多數時間是其他人聽他說話，這提升了他的信心和事業。作為別人的上司，他問自己如何才能獲得周遭人們的支持，尤其是現在他真正需要這種支持時。答案是認真傾聽他人的意見。不邀請同事和員工表達他們的觀點、擔憂或提供建議，意味著「你錯過獲得多樣性觀點的機會，而那些觀點能帶來更好的決策，並讓團隊對這個過程充滿信心」。重要的是要練習傾聽和保持開放，同時歡迎回饋和表現出順應的意願，尤其是身為執行長時更得要如此。但這也意味在學習時自我反思，並對如何做得更好抱持開放態度。他發現：「如果你敞開心胸的話，有時候提高覺察最好的地方就在你眼前。」一切從你開始！

回饋是「冠軍的早餐」

羅恩・法默證實回饋和自我評估對所有領導人和執行長和他們身為楷模的重要性。「執行長和領導人可以從回饋中受益匪淺，但如何獲得回饋是個問題。一些執行長藉由小群體來獲得回饋——這可能非常有效，有時候甚至比依賴『全知全能』的顧問更有效。雖然顧問可以發展出有益的關係。」羅恩見過許多執行長透過走動以及與客戶和其他人交談，來實踐和表現出容易接近的氛圍。他們積極歡迎批評，因為所有的回饋都是好的。這些執行長除了標準的自我評估流程外，還要求董事長提供回饋，而非抗拒它。從多個來源獲得回饋是自我覺察的重要部分，它是有意識的領導的起點。

高階職務是寂寞的

在有關盲點和讓高階領導人承認、或至少意識到它們存在的問題上，羅恩的看法是：「所有領導人，尤其是執行長，總是說這個職務是寂寞的。的確，領導人可以獲得教練教導的技能和其他回饋來源，但有效性取決於與老闆的關係——是的，包括董事長。接受三百六十度回饋可能有所幫助，但並非總是如此，這也取決於領導人和導師間的信任。」羅恩以下述的重要見解作為總結：「領導人的自我覺察，必須建立在與所有提供回饋者及其他人的信任基礎上。」這再度證實了信任是所有領導人行動的核心。

在挫敗中學習

一些包括執行長在內的領導人用來增強自我覺察的其他技巧，還包括有意識地針對犯錯或挫折與失敗做反思，其中一些技巧我們在本書開頭將其定義為決定性時刻。這是很有效的提高自我覺察的方法，但有時候在其他情況下可能會缺少有意識和刻意的調整個人的行為。調整造成錯誤的信念或心態變得十分重要，反思自己為什麼表現出某種行為，以及為什麼它會導致負面影響或結果，這就是訓練同理心和洞察力。它也可以成為領導人著手調整的強力誘因和值得努力的事，例如，想想這對其他人所代表的楷模作用。

從知道為什麼中學習

瑪莉・喬・哈達德分享的一項技巧，可以在決策的情況中創造獲得自我覺察的機會。「在做決策並對你如何領導保持有意識的過程中，最重要的就是要獲得覺察。花點時間反思『事情是如何進行的，以及它們如何才能變更好』有助於建立自我覺察——但關鍵是要有意識地為下一次做調整。如果沒有這種反思和調整，就很難變得更好」。與他人分享「為什麼以不同方式做事也能為團隊創造覺察，其他人也將因此學會反思自己如何可以做得更好。要有勇氣把事情攤開來，並在有新發現時與團隊交流。」

反思、自我覺察和調整必須花費時間和精力並令人不舒服是可以理解的，但正如三位執行長和有成就的領導人以及其他人所證實的那樣，改變你的領導方法以便對他人產生積極的影響確實會帶來更好的結果。這種體驗是很神奇的。正如我們聽說的那樣，那些能自我覺察並採取行動改進的人，比那些缺少自我覺察的人更成功。我自己的經歷證實了這個發現。在與領導人合作時，我認為他們可以大致分為下圖中的三類。

領導很難——但對於那些想領導的人來說，這是莫大的特權！

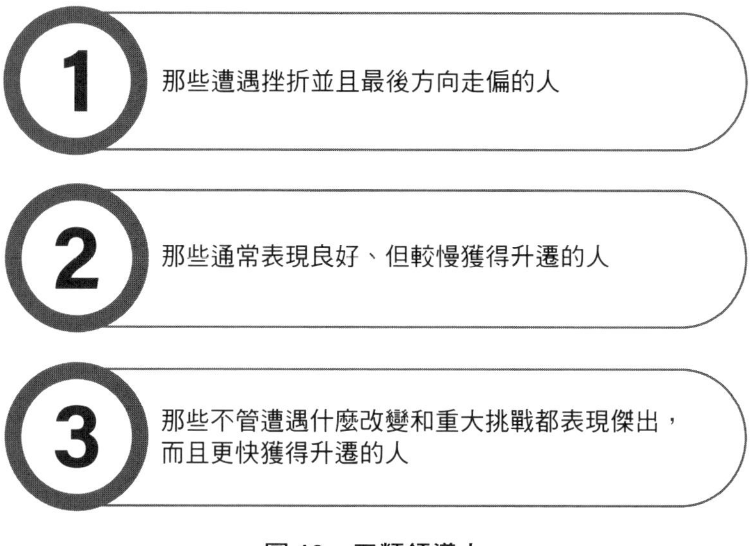
1
那些遭遇挫折並且最後方向走偏的人
2
那些通常表現良好、但較慢獲得升遷的人
3
那些不管遭遇什麼改變和重大挑戰都表現傑出，
而且更快獲得升遷的人

圖 19　三類領導人

第二十一章

建立團隊和培養領導人：挑選和培養

我要是更快對某些領導人採取行動就好了。也許我早點採取行動，團隊的成功就會更大些。

——一位反思應該早點採取不同作法的執行長

過去每當被問到他們原本應該採取哪些不同作法時，那些執行長會說：「我應該早點改變策略。」現在當被問到這個問題時，執行長或任何領導人都會說同樣的話，但他們會很快補充說：「我應該早點強化團隊。」

更快採取行動並不一定意味更換領導人。但這確實意味要了解並確保團隊中有最優秀的人才以推進目標，以及確保團隊所擁有的技術與執行長自己的技術能相輔相成，這是所有的團隊領導人所期望的。在第十九章，《扭轉乾坤》書中的概念是在培養領導人而不只是追隨者的主題下介紹的。這是終極的目標。對執行長、董事會或任何領導人來說，沒有比培養其他領導人更重要的職責了。

挑選最優秀的人才

建立團隊始於挑選最優秀的人才。但與此息息相關的是透過不斷的評估來培養人才，以確保他們能即時地適應和更新。如何做到這一點可以從多種形式的回饋得知——分派任務、導師，以及有時候透過較正式的特定課程，例如我在自己的職務中採用的。這在很大程度上取決於預期領導人何時達成目標的時間點、條件和背景。

多來源的投入

我早期的發現之一是「多來源」投入的重要性。在還沒有多久前，一位被裁撤的第二級經理人就能單獨做挑選領導人的決定。我的初始經驗發生在我擔任多倫多大學管理委員會主席時，與當時許多大學一樣，多倫多大學由正式、多樣化和有廣泛代表性的委員組成挑選委員會，並透過多重觀點密集地討論和辯論候選人的資格。今日多重面試和評估的概念和實踐已很普遍，而且我們確實也看到這種方法在挑選領導人和建立團隊上具有巨大的價值。

在評估和挑選領導人時，提夫・馬克林發現挑選和僱用其他領導人是一種會令人謙遜的經驗。「有些候選人可能很吸引你，讓你可能忽視他們的短處；另一些人可能引不起你的興趣，你就是無法與他／她產生連結。」他學到如果能獲得來自其他人的多重觀點和投入可能有幫助，而且這也變成他的作法。其他人的觀點往往揭露他完全錯過的東西。有時候他也發現，原本他不感興趣的一些人後來成功了。他學到的教訓是平衡的投入和權衡多來源的資訊和印象。「有時候在你深入發掘後，你會發現更多、或更少讓你驚豔的東西。來自其他人的投入可以揭露這些東西。當然，在內部招聘時你可以因此感到更放心。挑選領導人最大的問題，是候選人是否適合當前的職位——因為擅長上一個職位並不能保證這一點。重點是當前的背景是否改變了。」

背景是否改變了？

挑擇領導人事關重大。但一個常見的陷阱是忽略提出或考慮以下的問題：「這次有什麼不同？在當前背景下需要哪些經過驗證的能力？」這不一定與過去已驗證為真的能力有關。「現在可能需要什麼樣的適應或更新——候選人真的能適應得很好嗎？」

提夫用自己的經驗來說明在判斷領導人是否適任時，背景和時間的重要性。提夫在擔任羅特曼管理學院院長後回到加拿大銀行，他很快就發現在這六年間發生了許多改變，他必須調整自己的心態以確保能小心地判斷能力。人事改變了。因此他必須對人保持開放的心胸，避免背負過去的包袱或依賴昨日的假設。他仍然遵循我給他的建議：停下來，確定他看清楚正面和負面的改變，以及綜合起來如何形成當前的需求，然後再來判斷能力。

改變是恆久不變的動力！

建立或重建團隊並不容易。它可能顯露即使是最有成就的領導人也常遇到的挑戰和陷阱，這就是為什麼學習他人的洞見是值得的，覺察不斷改變的背景從未像現在這樣有價值。

在任何情況下更換領導人都可能是一項複雜的事，但正如凱蒂・泰勒指出的那樣，我們不必害怕或抗拒它。她說，領導人的更迭是一種預期中的持續動態：

在整個背景下對團隊以及要交付和實現的目標進行三百六十度全方位的觀察，將讓人很快意識到改變是必要的。但你往往會發現不能只改變一件事，因為所有的點都是相連的，所以環境的背景十分重要。試想一下，一些組織在整個新冠疫情期間實際上是蓬勃發展的，而另一些則沒有。這是因為它們的適應力或團隊的能力或其他條件所造成。這成為建立或更新團隊、以及如何考慮我們周遭環境變化的核心問題，所有領導人都必須看出團隊的改變在某種程度上是必要的。這與更換人事無關，而是一個符合成功條件的自然過程。進行改變加上重新指派職務和退休帶來的機會，應該能確保團隊的高績效。

凱蒂的智慧強調了一個現實，即建立團隊從來都不是一成不變的。在今日的非常時期建立團隊，更是一件動態和更難做好的事。

不再有寬限期

羅恩・法默強調在今日建立和維持高效能團隊的急迫步調。藉由他參與與執行長、董事會和最高管理團隊的無數次諮詢，羅恩認為強大的團隊不只很重要，而且是最低的要求條件，他在我們的談話中指出這一點：

蘿絲，讓我強化你對培養高階領導人的義務和責任的觀點。對即將上任或現任的領導人，尤其是執行長和高階領導人來說，在績效、團隊實力或接班上沒有寬限期。今日的執行長一上任就必須已經有董事會批准的計畫，其中包括合適的團隊，因此對它的期待是明確的。我遇到的大多數執行長都希望他們能更快確保團隊具備強大的能力。「等待結果會如何」的作法無法持續太久，執行長和領導人沒有這種餘裕。相反的，該採取的行動是弄清楚你需要什麼來補強你的優勢，然後完成它。領導人不能等待一年才建立合適的團隊，決定適合的能力必須從一開始就做好。

建立團隊是領導人最大的挑戰

提夫、凱蒂和羅恩的這些見解，涵蓋了許多關鍵行動和思考成功領導團隊的方法。雖然我們知道許多領導人把這視為優先要務，但我們也知道這很難。很少有領導人享受竭盡所能且迫不及待把事情做好的感覺。根據我自己挑選和培養高階領導人的經驗，最大的擔憂是看到特定的培養行動未得到足夠的重視，包括在領導人任期開始時和行動持續期間。最大的缺點之一，是對自我評估和自我覺察的不夠注意，甚至抗拒，這阻礙了提升領導人團隊組合的能力。關注領導人的信念和心態也很重要，我們尋找的是有以下信念的領導人：

- 領導能力是可以學習的，領導人可以花時間指導其他人或接受指導。
- 高績效本身不是目的——重要的是特定的能力。
- 沒有一個領導人知道所有答案——持續學習是「冠軍的早餐」。
- 自我覺察是任何人獲得最大成功的必要條件。
- 必須高度重視人的技能，例如八大能力，而不只是技術技能。

巴里・佩里在他有關建立團隊的看法中抓住了這一點：

關於我對建立團隊的看法，現在我得出與十年前不同的答案。我會尋找有強大EQ且全面發展的人，他們能接受今日世界上正發生的許多事——包容性、環境、氣候等等。沒有這種廣度的視角，你就無法成為一個強力的領導人——這些是今日的最低要求。我還會觀察人在壓力下的反應。領導人應該知道危機、挑戰和意想不到的事件會發生，董事會必須信任並依賴執行長及其團隊來抵禦動盪，並藉由正確的領導來保持團隊不受影響。這是利害關係人應得的！韌性和安度艱難時期才是造就團隊成為英雄的原因。在壓力下做決定需要智慧和保持冷靜，今日做的決定不一定是唯一可能做出的決定。思考的多樣性很重要，積極的態度、不逃避風險或堅持現狀、對自己的能力有信心也是如此。團隊需要的是能獨立思考的人和能對決策有貢獻的人。

做正確的評估！

當你反思並負責培養你的團隊時，成敗很大程度上取決於正確的評估。也就是說，要在心理上不受過去績效的影響，更深入探究今日的需要是什麼，以及技術熟練的領導人能不能適應、能否根據他們的技術專長建立和領導團隊、是否具有學習心態——最重要的是，能不能有刻意、意識地領導。

測試和三百六十度投入的使用雖然很普遍而且愈來愈顯現其價值，但仍然有利有弊，使用時必須謹慎和深思熟慮地判斷。它們可以增強（雖然永遠無法取代）本章中條列的技巧組合。

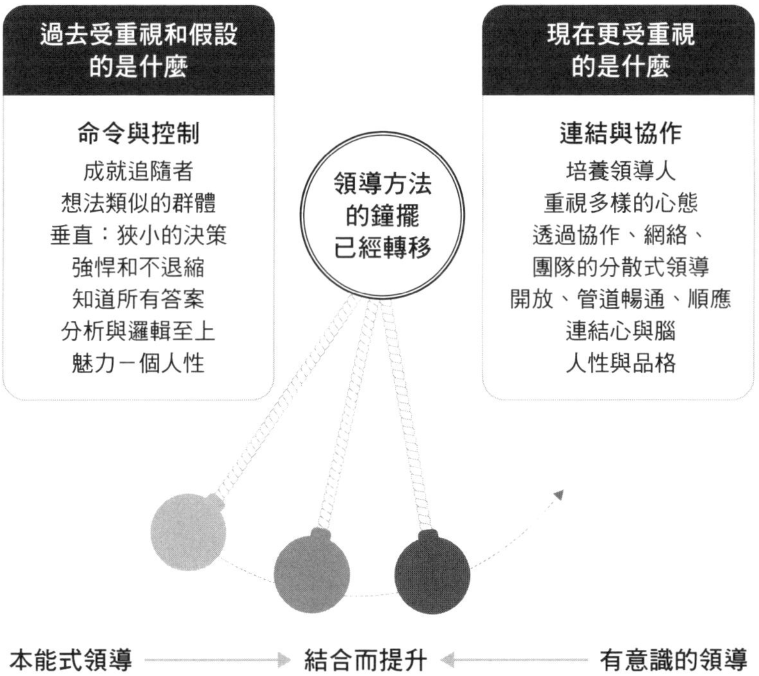

圖 20　領導方法的鐘擺已經轉移

第二十二章

成為導師和學徒：偉大的領導人兩者都是

導師是有價值和影響力的領導人，他們超越自己，協助別人獲得成功。學徒則是心胸開放、可被教導和因為感激而回報的人。

好消息是，導師制已從通常是結構複雜、遭人誤解和抗拒的學習方法脫穎而出。不過儘管已有突破，但導師制仍需要不斷的強化和鼓勵。

你有導師嗎？

今日我們可以確認，導師制正逐漸佔有典型領導人培養活動更明顯的份額。這種成長可歸功於領導人愈來愈感覺到：導師制和不同形式的教導與回饋，是他們的領導不可或缺的一環。其他影響來自不斷改變的勞動力持續對回饋懷抱更大和不同的期望。我們在第八章談到過時的信念把導師制視為主要適用於初階的領導人，這個迷思仍然存在，儘管我們現在有這麼多明確的證據顯示，導師制日漸受到不管是導師或學徒的歡迎。第八章揭示了這一點，並啟發我與讀者分享如何更有意識的幾種工具。

不足為奇的是，我們與參與本書的領導人的對話，都以各自的方式展現豐富的內容和充滿啟發性。他們都自願談論自己採用了導師制，以及為什麼他們在整個職涯過程把它視為優先事項。他們的故事證實了導師制可以採用不同的形式，就像梅里克・格特勒在採用技術上的描述那樣：「高階管理人員往往需要協助，所以我們委派學生協助教師做像是優化採用技術之類的事。這加快了學習的速度，同時也改善學生的學習體驗。」梅里克也認為，授權和賦權等形式的領導更容易激發導師制的心態，它使團隊得以充分發揮潛力。這種導師制很適合向你的團隊傳達你將盡全力成為最佳領導人的訊息，展現出你願意為他們的成功和成長付出努力（回想一下，在第八章我們稱之為「反向導師制」）。

你是導師嗎？

和許多領導人一樣，梅里克擁抱導師制的兩面：當導師和當學徒。他為他的團隊提供指導機會，此外，他也尋找當學徒的機會，以增進對自己的了解和學習成為更好的領導人：「這需要品格（謙遜）的力量，因為你是在說『哇，我要學的東西還真多』。這句話我們說得還不夠多。但欣然接受被指導對更了解自己、提高自我覺察和找到更好的領導方法十分重要。最終，重要的是從其他人受益，而他們就像你一樣，也曾經是被領導的學生。」

如前所述，多種形式的導師制現在已廣泛散布並普遍被接受。提夫・馬克林敘述他早期的經驗：

當時有關導師的討論並不多。通常導師會有你欽佩的某些特質，而你發現自己被他們所吸引。我有幾個導師至今仍保持聯繫，他們了解我的世界。導師是你真正信任的人、是你可以與他討論想法的人。有時候他們只是提供意見來加強你的信心，好像是在說：是的，你走在正確的道路上。另一些時候他們會建議你聽取更多意見和做更多反思。最主要的是你並不寂寞。而他們也包括董事會董事。

提夫強調在接受新的和更大的任務時指導的重要性。「當問題更大、決策更複雜、利害關係人要求更高時，你可能不是隨時準備好承擔這麼高水準的領導和管理。」

謹慎挑選

謹慎挑選導師是明智之舉。當然個人感覺很重要，但信譽和信任更是必要條件。導師的信譽來自於知識和智慧以及「過來人」的經驗。擁有不止一位導師可能有幫助，因為領導人的角色很複雜，並需要廣泛的即時經驗。凱蒂・泰勒描述導師對她的意義：

導師不是啦啦隊長——說你想聽的話的人。導師需要透過提供回饋和討論你認為有用或無用的想法，來糾正你方向的嚴肅內容。你應該預期導師會事先做功課。指導就好像競技體育——把表現較好的人提攜到更高的水準。導師在造就我成為更好的主管和今日擔任高階領導人上發揮了重要作用。

指導就像「薪火相傳」。受到回饋的好處而提高自我覺察以避免絆倒的學徒，通常希望能成為導師，他們之中的大多數人確實也成為了導師。我選擇指導作為我工作的一部分原因之一是，我一生和職涯中擁有許多傑出的導師。目睹過導師的同理心、信任和慷慨能帶來的啟發，這些是每個想展現價值的領導人渴望擁有的特質。導師是實力和影響力的領導人，他們超越自我，協助他人取得成功。

激發人最好的一面

聽瑪莉・喬・哈達德回顧她在職涯早期就渴望成為導師：

這始於一種想激發人們最好的一面的心態。例如，你知道一個人的背景與你或團隊中的其他人不同，而且你希望他發揮潛力。有些人經常難以建立讓他們的觀點被接受或被傾聽所需要的信任關係，我傾向於指導他們如何與其他人打成一片。我為這類事情花了很多時間和精力，身為執行長，我們需要花時間和精力來做這種形式的指導。

瑪莉・喬認為，這是在團隊中即時發生的文化和社會融合，並在職場中擴展的結果。關鍵在於楷模作用、同理心，以及協助解答「為什麼」的問題。這種形式的指導帶來的好處也延伸到董事會：「當新董事進入董事會時有一個夥伴，一個可以交換或介紹觀念、測試事物和協助適應新環境的知己，這種作法可以讓每個人成為贏家。」這一切都牽涉到要有導師心態。

這不只是導師的責任

指導不是自然就會發生的，它必須透過刻意安排，而且這不只是導師的責任——有效的指導也取決於被指導者。對學徒的期待包括認真地反思他們的整個職涯，這意味在他們從事活動、做決策或陷於困境時，反思他們的成功和對他人所帶來的影響。

正如本書前面談到，領導人很有價值，被指導者也很有價值。擁有好導師的人很少會忘記自己曾享有這種特權，因為他們學到很多東西，但這種學習是透過他們自己的努力來強化的。人生的每個階段都有許多學習機會，擁有好導師是一項禮物，就像做一個負責任的學徒就是價值所在。

一個意想不到的指導故事

正當我在寫這一章時，我恰巧聽到一位有成就的領導人（他既是導師又是學徒）出乎意料的導師故事。這則故事是導師的價值和許多領域的優秀領導人採用它的絕佳證詞，我想完整地分享。

二〇一九年五月，我受邀在美國胸椎外科協會年會領導學院發表演講，題目是「有意識的領導和八大能力」。各級心臟胸腔外科醫生都參加了這次活動。喬瑟夫・迪拉尼（Joseph Dearani）博士出席了年會並發表「創新獎學金」演講，他和其他演講人一整天都在場。看到那些成就卓著的外科醫生和領導人的參與和興趣，讓我深受鼓舞和印象深刻——他們都渴望透過不斷學習和更新來成為更好的領導人。

就在不久前，擔任梅奧醫院（Mayo Clinic）心臟胸腔外科主任和前胸椎外科學會會長的迪拉尼連絡我，讓我大感驚喜。他請求我准許他引用我三年前討論領導方法的內容和數字，以用於他現在為心胸外科雜誌撰寫有關外科醫生導師制的文章中。當然，我對他的請求感到高興和榮幸，並對迪拉尼博士的領導故事以及他引用我的觀點感到驚訝，特別是關於導師的觀點。最重要的是，我被迪拉尼博士本身的經歷所吸引，他是一位敬業而慷慨的導師，為眾多學徒提供熱情和慷慨的指導，而且他們欣然認同他的指導對自己的生活和事業產生巨大影響。迪拉尼博士也致力於成為一個好學徒，並把自己領導上的學習和成功歸功於許多其他人。

我被迪拉尼博士的信件和故事所吸引，並尋求他同意分享他文章中兩封指導信的摘錄[1]。在他的職業生涯中，他不斷向同事、學生和社區居民以及導師和楷模，發送讚美或關切的信件／短箋，通常是作為直接對談的後續連絡。這是他整個職涯中領導信念與實踐的核心要素。

「追求卓越」

迪拉尼博士的感激和學習在他給兩位導師的信中展露無遺，他將其總結為「追求卓越」。討論完本章概述的導師制和它的許多好處的例子後，在進入最後一章之前，剩下要告訴讀者的話就是：「如果你不是導師或沒有導師，請考慮找一個導師或成為導師。你不會後悔的！」

第二十三章 接下來呢？

「接下來」就是你要試一試！

對一些人來說，它將確認你現在做的事情。

對另一些人來說，那將是提供另一種思考和行動的方式。

再對另一些人來說，那將是拋棄過去和更新。

試一試將是值得的！

在總結這本有關有意識的領導和八大能力的書時，我的目標是藉由闡明特定的能力以及如何自然地應用它們來積極影響你領導團隊。

採用八大能力（即使一次只有少數幾種）的領導人，很快就會發現每一種能力所能提供的槓桿。許多參加課堂和其他團體的領導人或與我談話的領導人都是好例子，所有故事都呈現的共同主題是，八大能力如何讓他們能夠更好地領導團隊和組織。另一個共同的主題則與團隊有關——它來自成功完成任務，和帶來積極影響的神奇力量。那不是單一強大領導人的英雄主義，也不是執行長或任何其他高層領導人的聰明才智。

正如前三章所探討的，執行長或最高領導人需要專注於挑選和培養領導人，並以正確的心態和能力組合來建立團隊。這種領導牽涉帶領、目標、使命、啟發和指導。它也需要執行長／領導人藉由楷模、勇氣和毅力來善用許多人的自由精力的能力。最後，它還需要連結和協作的能力，而非命令和控制！

領導團隊邁向成功意味創造英雄。

是的，執行長或任何高階領導人都有許多要求和責任。但是，追根究底，衡量優秀領導人的整體標準是帶領團隊取得重大的成功。技術技能、財務能力、策略靈活性、降低風險——這些都是必要的，也是最低的要求條件。不過，帶領團隊並創造英雄才是區別領導人是否優秀的關鍵因素。

暫停和思考

當我教導來自各行各業眾多有成就的領導人這個課程時，或在我與這些領導人的一對一談話時，我會要求他們：「請暫停，並反省和思考學到的內容。選擇一、兩個（不超過三個）行動做嘗試。一開始可能很笨拙，就像大多數不熟悉的事情一樣，但你的意圖將克服這一點，而且將值回票價！此外，請放心！更新領導能力或加強某些行動就像鍛練肌肉一樣。它們需要不斷的練習。而且要保持下去，如果不善加注意、刺激和鍛練，它會隨著時間而變弱。」

領導人列舉的八大能力首要例子

在本章最後我們要引述前幾章一些成就卓著的領導人，以及過去十年中參加過我許多課程的眾多高階主管說的話。他們的例子反映他們如何認同八大能力，以及他們如何行使有意識、刻意的領導。他們的故事既鼓舞人心又具有感染力，他們強調每種能力如何、以及為什麼可以幫助領導人應對當今的挑戰。

一、領導人要以團隊思考來建立團隊——從熱烈的協作開始

對羅恩・法默來說，領導人應該「像團隊一樣思考」，他說要從「熱烈的協作」開始：

現在熱烈的協作已變得更重要和更困難，因為人們正在為稀缺資源而戰並對其他人帶來挑戰。這就是為什麼要想成為成功的執行長或領導人，你必須開始像團隊一樣思考……董事會及其董事也是如此。你必須專注於接班程序、候選人的橫向領導能力，以及成功領導團隊的能力，而不只是管理個人！

執行長在帶領團隊時必須做出不同的決定：你必須調整團隊成員，對績效不佳者迅速採取行動，但也要去除那些妨礙團隊績效的高績效者。這不只攸關按部就班地完成工作，而且對希望在整個任務中進行良好協作和連結的其他團隊成員也極其重要。在任何組織中，總會有人讓團隊的運作難以順利進行，讓他們離開團隊將是解決之道。要有及早執行的心理準備。今日的執行長知道，如果要讓團隊順利運作，就必須改變管理程序。而當你改變管理程序時，變革管理的效果就最好。

羅恩給我們一個明智的提醒：現在講求的是團隊的力量，而不是執行長個人或任何成員的英雄主義。

二、歡迎不同意見並給人們空間——確保授權和差異

瑪莉・喬進一步強調八大能力如何與她的價值觀息息相關和帶來重大意義。在推動團隊成功的過程中，她把意見的多樣性和允許辯論中的不同意見當作實踐的核心：

一些組織多年來一直在談論這個問題，所以這並不新鮮，但實際去執行時確實是一項考驗。例如，身為執行長的你可能發現某個人的意見具有多樣性，但在他還沒充分表達前就遭到眾人的反對。這時候可能需要有人說：「等等，讓我們聽聽這個人要說什麼……。」如此就開啟了對話！要做到這一點當然需要傾聽並允許討論。這對建立和鼓勵熱烈的協作將有巨大的影響，因為熱烈的協作重點就在把包容和異議視為貢獻的一部分。

馬克—安德烈也強調賦予權力和給人們空間：

引進最優秀的人才是一回事，但如果他們是優秀的人，你就必須給他們空間，否則你只會製造挫敗感。給一個人空間意味著分享。每個人都想做出重大貢獻，所以就得確保你願意為人才提供真正貢獻的空間。人才不應該感覺被框架困住，即使你是他們的上司，他們也可能擁有至少與你相當的才能。因此在給予空間的同時，還得表現出信任。對於有才華的人，當他們看到執行長信任他們時，就會激勵他們為組織做出最大的貢獻。

三、分享權力和控制——實現分散式領導和善用自由精力

個人英雄確實存在，並且在過去某些情況下可能做得很好，但在今日的背景下並非如此。團隊是今日的英雄，執行長和其他領導人以渴望、啟發和有意識作為領導方法。許多文章和書籍敦促我們採用這種「從單一英雄到領航員，從冠軍到英雄團隊」的轉型模式[1]。

同樣的，珍妮絲・葛洛斯・史坦特別強調透過「不同意見和包容性」來創造「連結和協作」，並克服可能的障礙：「知道如何透過不同意見領導團隊，可能是領導人掌握的最重要能力，因為它的價值在實現時是如此巨大。包容性必須歡迎不同意見，這是八大能力的匯合處。它超越性別平衡，超越種族和社會正義，儘管它們都極其重要。包容性是多維度的，是連結和協作以及八大能力的基礎。這確實需要有意識地去執行和毅力。」

自由精力意味超越「保住工作」或「滿足上司」的「自願」精力。領導人可以用薪資、職位、權力或恐懼來收買人們的支持，但天才、忠誠和堅韌是「自願」貢獻的，優秀的領導人可以透過分散式領導來釋放這種自願的貢獻[2]。分散式領導還牽涉包容性和賦予權力，保留屬於「冰山一角」類型的決策必須由你確認；這意味決定的其餘冰山——九五%——是由團隊中的其他領導人做的[3]。

今日的領導人必須以更橫向的方式工作，並把控制權交給更多人，不願放棄控制是熱烈的協作經常受到阻礙的原因之一。相較之下，馬克－安德烈談論的不只是給你的團隊控制權，重要的是給團隊空間和賦予權力。我們正在超越執行長或領導人作為單一的、階層分明的英雄坐在最高層、擁有所有權力的階段。然而，高階管理者並不知道所有有的答案，英雄的觀念正在轉變。今日愈來愈明顯的是，英雄出自團隊，而非單一的個人。領導是一種共同的責任和分散的權力。被引進組織的人因此才能成為創造成功的英雄。正如馬克－安德列見證的：「今日位居高層的人不夠謙遜。執行長為王的模式仍然存在，但正在轉變。值得慶幸的是，人們不會理所當然地認為執行長知道一切答案。」

四、檢查自己的自我覺察——尋求回饋，去除盲點

瑪麗・安妮・錢伯斯為領導團隊和創造英雄的處方提供的成分是自我覺察和盲點。她談到自己的盲點或經常阻礙她的覺察的常見傾向：

我承認自己有完美主義者的傾向，這對領導團隊的很多方面有好有壞。一方面是你可能逼自己發狂，另一方面是你可能把別人逼瘋。你是你自己最大的敵人。事實上，你的團隊中有其他人可以分擔責任，他們也會從中受益並成長。完美主義者的缺點之一是，人們知道你會介入並替他們把事情做完。但請記住，這也讓他們因為沒有完成工作而受到批評。另外，問自己，誰能學到最多：你還是他們？獨攬大權

會讓你在一天結束時筋疲力盡。學會授權和信任團隊中的其他人，對任何領導人來說都極其重要。

五、超越本能和保持有意識——有意識驅動目的，而目的驅動有意識

保持有意識是達瑞爾．懷特的核心觀點。他說，目的是有意識的靈感，有意識是目的的靈感。領導人需要兩者。有意識的領導人也需要靈感來源，並在這個過程中所驗證的成功。對那些生性好競爭的領導人來說，看到組織名列前茅可以提供動力和滿足感，獲得領導地位或倡議社會問題也是如此。競爭者熱愛有目的的努力、競賽、焦點、勝利！除此之外，看到你鼓勵的團隊取得如此成功的結果會讓人感到自豪。

這只是你如何規劃自己通往有意識的領導之路的幾個例子。

你可以從八大能力中只挑選一、兩種能力來努力，

或者你可能只是做比現在更多有效的事，

或者你被提醒以不同的方式思考，甚至或者你可能停止做某件事。路徑有很多。

接下來就展開你自己的旅程——祝你一切順利。

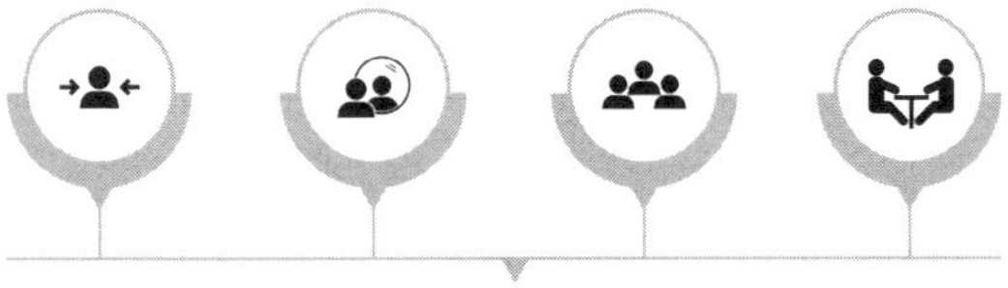

圖 21　接下來呢？

附錄

迪拉尼的信（一）——「嚴厲的愛」

這封寫給一位憂心忡忡的同事的信（在營運遭遇挫折後），展現出迪拉尼博士身為一位有影響力的導師的同理心、智慧和激勵的能力。

親愛的同事，

今天早上，我可以在電話裡聽出你聲音裡的灰心、沮喪和混亂。我懷疑你工作場所周圍的人（重症監測病房的工作人員），包括你的病人／家人也有同感。不好。這是一封帶著嚴厲的愛、要你「振作起來」的信。你正在漸漸適應小兒心臟手術的工作，那是十分嚴酷的工作，「高回報」加上「高風險」。你的快樂與你病得最重的病人或你最不滿意的病人／家屬息息相關……而且任何一天你總會在工作碰上一次。不幸的是，這將是持續整個職涯的事——它永遠不會消失。這就是為什麼我強調必須在自己的生活中保持平衡和健康的原因之一，如此才能有助於讓一切易於管理。當你開始質疑自己的能力時，它可以協助你度過難關。你因應意料之外或不完美的結果的能力將決定你的成功。你必須學會恢復，你必須能夠在事情偏離軌道時專注和重新專注……擁抱自我評估，從錯誤中學習，然後繼續前進……。

因此，為了所有參與者著想，你要堅強，有信心，有韌性。你很聰明，有一雙很棒的手和無與倫比的職業道德。掌握和維持你的情緒，身為員工最重要的是做到這些，加上獨立的決策和累積判斷力。你正走在通往成功職涯的路上。還有其他病人需要我們的協助，我們需要堅持不懈。所以站起來，面向前，抬頭挺胸前進。你明白這些的。我會一路支持你。

喬

迪拉尼的信（二）

在這封信中，迪拉尼博士從自身的經驗表達了對一位導師的讚揚，並傳達他本身衷心相信導師制的影響力。

指導制對於幾乎每個職業的成功都極其重要。在醫學和外科手術、尤其是先天性心臟手術中，這一點再怎麼強調都不為過。心臟外科醫生面臨的挑戰首先是滿足患者的需求和期望，但也必須滿足教育和培訓下一代的需求和期望。在當前講求公開報告和成果透明度的時代，這可能是很難達成的平衡……。

我有幸與兩位早期的先驅——戈登・丹尼爾森（Gordon Danielson）博士和法蘭西斯科・普加（Francisco Puga）博士一起工作。普加博士最近獲得梅奧醫院傑出院友獎，他對我的影響既深且遠。他的教學和指導方式很特殊——具有一種在書本中永遠找不到的風格。那是以身作則的教學和指導，是嚴厲的愛，是建設性的回饋，是無盡的鼓勵。你會受到啟發而仿效……他在手術室如何進行手術和他的行為，他如何分享技術和手術期間的智慧珠璣，以及他如何與患者、家屬、同事溝通……他要求很高，對次優的表現幾乎沒有容忍度，但他也能以一種難以描述的方式了解和同理……你完全能感覺的到。普加博士以任何標準來看都是專業人士。在我給他獲得傑出院友獎的祝賀信中，我嘗試表彰其中的許多卓越品質。

註解

第二章　遊戲規則改變之一：利害關係人期望升高

1 欲參考完整的愛德曼信任度調查，請見：https://www.edelman.com/trust/2022-trust-barometer。

2 二〇〇九年夏天，一個來自西安大略大學理察艾菲商學院（Richard Ivey School of Business）的跨學科教職員小組，開始深入研究與全球金融危機有關的領導失敗與成功。在九個月期間他們訪談加拿大、紐約州、倫敦和香港的企業、公共機構和非營利事業的逾三百位領導人，公開討論組織領導在危機之前、之中和之後扮演的角色。他們提出一個重要的問題：「領導能否促成不同的結果？」他們得到的答案是一致的「能」。

請見：Jeffrey Gandz, Mary Crossau, Gerard Seijts, and Carol Stephenson, A Manifesto for Leadership Development: Leadership on Trial (Hamilton, ON: Richard Ivey School of Business, 2010)。

3 Carolyn Dewar, Scott Keller, Keven Sneader, and Kurt Strovink, "The CEO Moment – Leadership for a New Era," McKinsey Quarterly, 21 July 2020, https:// www.mckinsey.com/featured-insights/leadership/the-ceo-moment-leadership-for -a-new-era.

第三章　遊戲規則改變之二：不斷改變的勞動力和職場

1 "From Survive to Thrive: The Future of Work in a Post-Pandemic World," Deloitte Development LLC, 2021, https://www2.deloitte.com/content/dam/Deloitte/global/Documents/HumanCapital/gx-the-future-of-work-post-covid-19-pcc.pdf。

2 Laurence Goasduff, "Hybrid and Remote Workers Change How They Use IT Equipment," Gartner, 13 July 2021, https://www.gartner.com/smarterwithgartner/hybrid-and-remote-workers-change-how-they-use-it-equipment。

第四章　遊戲規則改變之三：短命的策略和數位主導地位

1 David Collis, "Why Do So Many Strategies Fail," Harvard Business Review, July/ August 2021, https://hbr.org/2021/07/why-do-so-many-strategies-fail。

2 "The New Digital Edge: Rethinking Strategy for the Postpandemic Era," McKinsey Quarterly, 6 May 2021, https://www.mckinsey.com/business-functions/mckinsey-digital/our-insights/the-new-digital-edge-rethinking-strategy-for-the-postpandemic-era。

第五章　去除迷思需要精力和勇氣

1 我在擔任導師顧問時，問每位執行長的第一個問題是：「在過去幾個月，你發揮了哪些影響力？」而不是「你做了什麼？」

2 Carol S. Dweck, Mindset: The New Psychology of Success (New York: Random House, 2008)。

3 我們在第一篇中討論過第一個觀點——不可控制的外部環境和明確的遊戲規則改變。

第七章　軟技能不能光靠時間而提高

1 請見：Richard Haythornthwaite and Ajay Banga, "The Former and Current Chairs of Mastercard on Executing a Strategic CEO Succession," Harvard Business Review, March–April 2021, https://hbr.org/2021/03/the-former-and-current-chairs-of-mastercard-on-executing-a-strategic-ceo-succession。

第八章　導師不只適用於資淺領導人

1 這種反向指導的概念是我長期以來採用的一種作法。最近的一個例子是，我希望變得更精通數位技術，並更了解技術設備的有效使用。我的解決方案是聘請一位年輕的技術專家，讓他每週教導我。我學到的東西比自己預期的多，他也從了解我在領導方法和領導的工作中受益匪淺。

第十章　領導方法的鐘擺已經轉移

1 Malcolm Gladwell, The Tipping Point: How Little Things Can Make a Big Difference (New York: Little, Brown, 2002), 41。

2 Sally Horchow, "10 Life-Changing Tips from Top Connectors," Huffpost, 7 May 2009, last updated 17 November 2011, https://www.huffpost.com/entry/10-life-changing-tips-fro_b_183163。

第十二章　八大能力之一：個人適應力

1 在過去十年中，有關韌性的書籍和工具增加了許多倍，並引起各界領導人的共鳴。掌握個人適應力的需求是領導人成功的核心驅動力。人們比以往任何時候都希望變得更有韌性。在提供有意識的領導和八大能力教學的課堂中，深入研究韌性的關鍵是課程的一部分。重要的研究正在不斷發展，顯示了韌性在四個維度上的影響：心理韌性、情緒韌性、社會韌性和身體韌性。

第十五章　八大能力之四：明確的品格

1 請見第二章註解2前半段。

2 Ayesha Dey, "When Hiring CEOs, Focus on Character: Personal Behaviour Can Predict which Leaders Might Go Astray," Harvard Business Review, July/August 2022, https://hbr.org/2022/07/when-hiring-ceos-focus-on-character.

第十六章　八大能力之五：同理心

1 在八大能力中，同理心與其他每一種能力一樣，牽涉每個領導人和個人表現出這種能力的程度。雖然我們知道許多組織都在努力建立政策和策略所描述的同理心文化，但終究領導人的個人領導風格每天都會受到即時的同理心考驗。

第十九章　八大能力之八：培養其他領導人——不只追隨者

1 L. David Marquet, Turn This Ship Around! A True Story of Turning Followers into Leaders (New York: Portfolio/Penguin, 2012)。

第四篇　領導從你開始——它必須是有意識的

1 Carolyn Dewar, Scott Keller, Keven Sneader, and Kurt Strovink, "The CEO Moment – Leadership for a New Era," McKinsey Quarterly, 21 July 2020, https://www.mckinsey.com/featured-insights/leadership/the-ceo-moment-leadership-for-a-new-era。作者問：「執行長（領導人）是否會繼續以近來被許多人採用的新方法來領導他們的團隊。他們是否會抓住機會以這種新方式更新自己，建立自己的團隊，進而建立他們的組織？作者進一步回想執行長（領導人）如何靈活且巧妙地改變他們的方法，並指出這些變化雖然可能是出於需要，但在因應危機之外仍具有巨大潛力。

第二十章　自我反思：回饋、自我覺察和調整

1 Shelley Duval and Robert Wicklund, A Theory of Objective Self Awareness (New York: Academic Press, 1972)。

第二十二章　成為導師和學徒：偉大的領導人兩者都是

1 兩封信件的摘錄請見附錄，出自：Dr. Joseph Dearani's forthcoming article in the World Journal of Pediatric and Congenital Heart Surgery (2022, in press)。

第二十三章　接下來呢？

1 請見：Julie Battilana and Tiziana Casciaro, Power, for All: How It Really Works and Why It's Everyone's Business (New York: Simon & Schuster, 2021); and Frances X. Frei and Anne Morriss, Unleashed: The Unapologetic Leader's Guide to Empowering Everyone Around You (Cambridge, MA: Harvard Business Review Press, 2020)。

2 欲對自由精力有更深入的了解，請見：Richard Barrett, The Values-Driven Organization: Unleashing Human Potential for Performance and Profit (Routledge, 2014)。

3 欲對分散式領導有更深入的了解，請見：L. David Marquet, Turn This Ship Around! A True Story of Turning Followers into Leaders (Portfolio/Penguin, 2012)。

國家圖書館出版品預行編目 (CIP) 資料

刻意領導的八大修練：從自我回饋與修正出發，培養能與時俱進的領導力 / 蘿絲 ・ 派頓（Rose M. Patten）著 ; 吳國卿譯 . -- 初版 . -- 臺北市 : 商周出版 : 英屬蓋曼群島商家庭傳媒股份有限公司城邦分公司發行 , 民 112.11
面 ;　公分
譯自：Intentional Leadership

ISBN 978-626-318-933-1（平裝）

1. CST：領導　2. CST：成功法

494.2　　112018377

莫若以明　BA8041

刻意領導的八大修練

從自我回饋與修正出發，培養能與時俱進的領導力

原文書名／Intentional Leadership
作　　者／蘿絲・派頓（Rose M. Patten）
譯　　者／吳國卿
責任編輯／陳冠豪
版　　權／吳亭儀、林易萱、江欣瑜、顏慧儀
行銷業務／周佑潔、華華、賴正祐、吳藝佳

總 編 輯／陳美靜
總 經 理／彭之琬
事業群總經理／黃淑貞
發 行 人／何飛鵬
法律顧問／台英國際商務法律事務所
出　　版／商周出版　臺北市中山區民生東路二段 141 號 9 樓
電話：(02)2500-7008　傳真：(02)2500-7759
E-mail：bwp.service@cite.com.tw
發　　行／英屬蓋曼群島商家庭傳媒股份有限公司　城邦分公司
台北市 104 民生東路二段 141 號 2 樓
電話：(02)2500-0888　傳真：(02)2500-1938
讀者服務專線：0800-020-299　24 小時傳真服務：(02)2517-0999
讀者服務信箱：service@readingclub.com.tw
劃撥帳號：19833503
戶名：英屬蓋曼群島商家庭傳媒股份有限公司城邦分公司
香港發行所／城邦（香港）出版集團有限公司
香港九龍九龍城土瓜灣道 86 號順聯工業大廈 6 樓 A 室
電話：(825)2508-6231　傳真：(852)2578-9337
E-mail：hkcite@biznetvigator.com
馬新發行所／城邦（馬新）出版集團
Cite (M) Sdn Bhd
41, Jalan Radin Anum, Bandar Baru Sri Petaling,
57000 Kuala Lumpur, Malaysia.
電話：(603)9056-3833　傳真：(603)9057-6622　email: services@cite.my

封面設計／李偉涵　　內文排版／李信慧
印　　刷／鴻霖印刷傳媒股份有限公司
經 銷 商／聯合發行股份有限公司　電話：(02) 2917-8022　傳真：(02) 2911-0053
地址：新北市 231 新店區寶橋路 235 巷 6 弄 6 號 2 樓

2023 年（民 112 年）11 月初版

城邦讀書花園
www.cite.com.tw

定價／450 元（平裝）300 元（EPUB）
ISBN：978-626-318-933-1
ISBN：978-626-318-937-9

商周出版

廣	告	回	函
北區郵政管理登記證			
北臺字第10158號			
郵資已付，免貼郵票			

10480 台北市民生東路二段141號9樓

英屬蓋曼群島商家庭傳媒股份有限公司城邦分公司 收

請沿虛線對摺，謝謝！

商周出版

書號：BA8041　　書名：刻意領導的八大修練

請於此處用膠水黏貼

商周出版

讀者回函卡

感謝您購買我們出版的書籍！請費心填寫此回函卡，我們將不定期寄上城邦集團最新的出版訊息。

不定期好禮相贈！
立即加入：商周出版
Facebook 粉絲團

姓名：＿＿＿＿＿＿＿＿＿＿＿＿　性別：□男　□女

生日：西元＿＿＿＿＿年＿＿＿＿＿月＿＿＿＿＿日

地址：＿＿＿＿＿＿＿＿＿＿＿＿＿＿＿＿

聯絡電話：＿＿＿＿＿＿＿＿　傳真：＿＿＿＿＿＿＿＿

E-mail：

學歷：□ 1. 小學 □ 2. 國中 □ 3. 高中 □ 4. 大學 □ 5. 研究所以上

職業：□ 1. 學生 □ 2. 軍公教 □ 3. 服務 □ 4. 金融 □ 5. 製造 □ 6. 資訊
□ 7. 傳播 □ 8. 自由業 □ 9. 農漁牧 □ 10. 家管 □ 11. 退休
□ 12. 其他＿＿＿＿＿＿＿＿＿＿＿＿

您從何種方式得知本書消息？

□ 1. 書店 □ 2. 網路 □ 3. 報紙 □ 4. 雜誌 □ 5. 廣播 □ 6. 電視
□ 7. 親友推薦 □ 8. 其他＿＿＿＿＿＿＿＿＿＿

您通常以何種方式購書？

□ 1. 書店 □ 2. 網路 □ 3. 傳真訂購 □ 4. 郵局劃撥 □ 5. 其他＿＿＿＿

您喜歡閱讀那些類別的書籍？

□ 1. 財經商業 □ 2. 自然科學 □ 3. 歷史 □ 4. 法律 □ 5. 文學
□ 6. 休閒旅遊 □ 7. 小說 □ 8. 人物傳記 □ 9. 生活、勵志 □ 10. 其他

對我們的建議：＿＿＿＿＿＿＿＿＿＿＿＿＿＿＿＿

請於此處用膠水黏貼